Sid Ahmed Aouadj
Hadj Khatir

Cartografia Ecológica

Sid Ahmed Aouadj
Hadj Khatir

Cartografia Ecológica

ScienciaScripts

Imprint
Any brand names and product names mentioned in this book are subject to trademark, brand or patent protection and are trademarks or registered trademarks of their respective holders. The use of brand names, product names, common names, trade names, product descriptions etc. even without a particular marking in this work is in no way to be construed to mean that such names may be regarded as unrestricted in respect of trademark and brand protection legislation and could thus be used by anyone.

Cover image: www.ingimage.com

This book is a translation from the original published under ISBN 978-3-659-86222-9.

Publisher:
Sciencia Scripts
is a trademark of
Dodo Books Indian Ocean Ltd. and OmniScriptum S.R.L publishing group

120 High Road, East Finchley, London, N2 9ED, United Kingdom
Str. Armeneasca 28/1, office 1, Chisinau MD-2012, Republic of Moldova, Europe
Printed at: see last page
ISBN: 978-620-8-35778-8

Autores

Dr. Aouadj S.A

- Professor investigador na Universidade de Relizane e no Laboratório de Investigação em Ecologia e Gestão de Ecossistemas Naturais - Universidade de Tlemcen (Argélia).
- Competências e especialização: Ecologia Vegetal, Bioinformática, Cartografia, Análise Estatística Avançada, Biologia da Conservação, Ecologia Florestal, com especial interesse na investigação e trabalho sobre o restauro ecológico de ecossistemas naturais degradados e engenharia ecológica e florestal.
- https://www.researchgate.net/profile/Aouadj-Ahmed

Dr. Khatir H

- Chefe de Departamento na Reprod Biotech e células estaminais (Montreal, Canadá).
- Perfil de investigação: Domínio perfeito de várias técnicas de reprodução animal para muitas espécies, incluindo bovinos, ovinos, caprinos e camelos: - Fertilização in vitro (FIV) e clonagem somática (transferência nuclear). - Injeção intracitoplasmática de esperma (ICSI). -Inseminação artificial e transferência de embriões. - Várias técnicas, incluindo a preparação de células, culturas e congelação de espermatozóides e embriões.
- https://www.researchgate.net/profile/Hadj-Khatir-2

Pré-requisito

O autor deste livro não tem a pretensão de apresentar todos os aspectos da cartografia ecológica nas 80 páginas que contém. O seu objetivo é mostrar como a cartografia da vegetação, resultante da investigação fundamental desde 2017, serviu de base ao desenvolvimento da cartografia ecológica aplicada.

O livro está dividido em 6 capítulos, cuja sequência ilustra o desenvolvimento gradual da cartografia ecológica a partir da cartografia da vegetação. O autor começa por explicar o conceito de cartografia ecológica e justificar a sua utilidade para os biólogos, que facilmente tendem a ver a cartografia como uma mera técnica gráfica.

O Dr. Aouadj Sid Ahmed e outros mostra como o mapa ecológico e o mapa de vegetação se tornaram instrumentos de trabalho fundamentais em ecologia aplicada, silvicultura, biogeografia e ordenamento do território, com a sua própria metodologia. Sublinha que o mapa exprime mais do que um texto, que exprime as coisas de forma mais clara, mais fácil e mais rápida, e que facilita a descoberta das múltiplas relações na distribuição espacial de diferentes assuntos. Ele sublinha o carácter objetivo da descrição cartográfica e o seu valor como meio de interpretação do meio natural, de representação de um conjunto regional ou de previsão da evolução. Estes pontos são óbvios para um biogeógrafo. No entanto, vale a pena recordar aos leitores não familiarizados com os métodos biogeográficos.

O estudo de uma fitocenose fornece informações muito importantes e consideráveis sobre a composição do ecossistema e o seu funcionamento. É por isso que, de acordo com **o Dr. Aouadj Sid Ahmed e outros**, "a cartografia da vegetação começou e continua a ser um elemento central da cartografia ecológica".

O livro do **Dr. Aouadj Sid Ahmed e outros** pode ser utilizado como uma referência importante em cursos de cartografia ecológica ou fitogeografia. Beneficiará geógrafos de plantas, silvicultores, planeadores e ecologistas. O autor coloca grande ênfase na demonstração do uso potencial de mapas ecológicos na gestão de ecossistemas.

Resumo

Este volume é uma descrição dos princípios e objectivos da cartografia da vegetação à escala da unidade de paisagem. O processo de cartografia baseia-se nos princípios da fitossociologia. Distinguimos quatro unidades tipológicas de vegetação aninhadas, da comunidade vegetal à célula de paisagem, da série à geo-série de vegetação. A cartografia tem por objetivo delimitar prioritariamente as células da paisagem e relacioná-las com uma tipologia de habitat conhecida.

Antes do início da cartografia de uma área, é essencial ter um bom conhecimento das unidades de vegetação presentes. A este respeito, os catálogos preparados pelo **Dr. Aouadj e al, (20172024)**, que descrevem as unidades de vegetação, a sua distribuição, a sua ecologia e o seu processo florístico, são essenciais.

A cartografia da vegetação à escala das unidades de paisagem baseia-se no mapa fisionómico e no mapa de envolvente ecológica. Estes mapas propõem uma divisão espacial homogénea do território com base em critérios fisionómicos e ecológicos, respetivamente.

O mapa de fisionomia baseia-se na foto-interpretação de imagens e na análise de séries temporais de imagens de satélite. O mapa de envelope ecológico delimita os polígonos nos quais as condições abióticas são relativamente homogéneas e diferentes dos polígonos adjacentes. Estes dois mapas são a base da recolha de informação do cartógrafo para a melhoria do conhecimento da vegetação.

Índice

Capítulo 1: "Introdução à Cartografia Ecológica"

I. Mapeamento Ecológico Introdução

I.1. Unidades tipológicas de vegetação

A cartografia baseia-se nos princípios da fitossociologia, nomeadamente da fitossociologia da paisagem ou da sinfitossociologia.

Distinguimos quatro unidades tipológicas de vegetação (Figura 1), que vão desde comunidades vegetais a geosséries:

1- Geo-série de vegetação: unidade catenal (indivíduo geosserial) da série de uma unidade bastante homogénea no que respeita ao substrato e ao clima.

2- Série de vegetação: unidade dinâmica que agrupa comunidades vegetais dinamicamente relacionadas numa unidade de biótopo homogénea.

3- Célula paisagística: parte de uma série vegetal dominada por uma comunidade vegetal que confere à unidade a sua fisionomia, associada a outras comunidades vegetais de menor importância.

4- Comunidade vegetal: uma vegetação concreta, de composição e estrutura florística homogénea, expressa numa situação de ecologia homogénea para os diferentes parâmetros do meio.

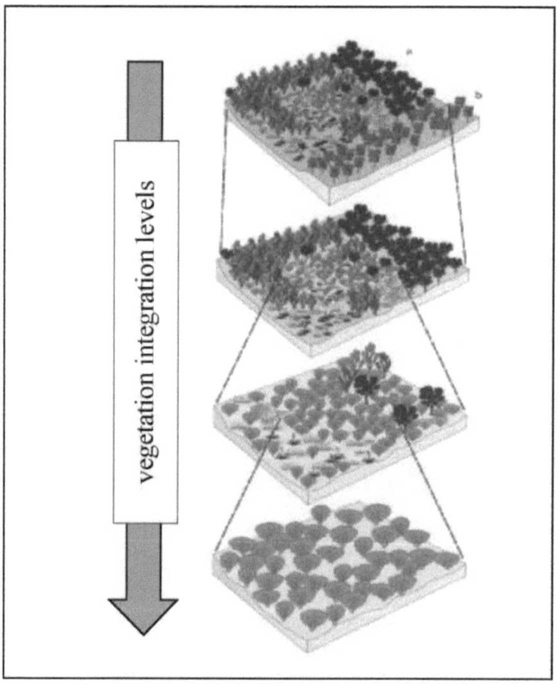

Figura 1. Representação aninhada dos diferentes níveis de integração da vegetação (Lazare 2009; modificado por Aouadj, 2024).

1.2. Fundos cartográficos

A cartografia da vegetação baseia-se num mapa de fisionomia e num mapa de envolvente ecológica. Estes dois mapas foram objeto de um grande desenvolvimento técnico e metodológico.

Fornecem o contexto cartográfico (fisionómico e ecológico) para a abordagem cartográfica apresentada noutro local. Permitem-nos propor uma divisão espacial com base em critérios fisionómicos e ecológicos, sobre os quais o cartógrafo pode basear-se e que garantem uma segmentação homogénea do conjunto do território.

1.3. O mapa fisionómico

O objetivo da carta fisionómica é realizar uma divisão geográfica dos meios com base numa abordagem fisionómica da vegetação (forma das plantas, dendrometria, etc.). Para o efeito, pode ser dividido em três etapas principais (Aouadj et al., 2020a-d ; Aouadj, 2021):

1- "Segmentação" automática de imagens aéreas de infravermelhos em zonas espectralmente homogéneas, utilizando software especializado;

2- O tratamento desta segmentação com uma simplificação geométrica e a criação de máscaras específicas com base em diferentes fontes de dados;

3- A qualificação dos segmentos para o ambiente aberto através da classificação automática das imagens de satélite e da análise espacial.

1.4. O mapa dos envelopes ecológicos

O objetivo do mapa de envelope ecológico é a identificação de entidades ecológicas distintas que podem ser associadas a conceitos fitossociológicos. Estas unidades ecológicas são distinguidas através de uma abordagem dita não supervisionada, ou seja, não são guiadas por dados de campo. A sua delimitação é obtida com base num conjunto de parâmetros abióticos (DTM, índice de humidade, índices bioclimáticos, etc.) utilizando um método de classificação hierárquica ascendente (AHC) (Aouadj et al., 2020e-h).

Os parâmetros são modelados como mosaicos raster com uma resolução de 20-25 metros. A ideia é criar grupos de píxeis com base numa distância calculada a partir de todos os parâmetros. Uma vez representados no espaço geográfico, estes agrupamentos delimitam polígonos no interior dos quais as condições abióticas são relativamente homogéneas e diferentes das dos polígonos adjacentes. Estes envelopes são então identificados como espaços de sucessão de séries fitossociológicas e geosséries, definidos em função do grau de semelhança dos pixéis que os constituem. O território deve ser considerado em termos de uma divisão prévia e ecologicamente pertinente, a fim de ter em conta a regionalização dos meios (zonas fito-eco-geográficas...). Existem diferentes tipos de parâmetros abióticos:

1- Topográficos: Descrevem o relevo e a morfologia de várias formas (declives, índice topográfico, exposição, formas de relevo, etc.). Estes parâmetros são derivados do Modelo Digital do Terreno (MDT) de 25 m.

2- Clima: Os dados anuais e mensais sobre a temperatura e a precipitação são obtidos a partir de bases de dados meteorológicas.

Os índices sintéticos, também conhecidos como índices bioclimáticos, são então criados através da combinação destes dados, conforme apropriado.

3- Geológico.

4- Específicos: Os parâmetros que são qualificados como tal são gerados em resposta a uma questão temática ou geográfica específica. No que diz respeito ao aspeto temático, podemos mencionar a camada denominada "Zonas húmidas e bacias hidrográficas potenciais", que reflecte a probabilidade de existência de zonas húmidas. A camada "Distância ao mar", que é calculada nas zonas costeiras para estimar o impacto do vento sobre a vegetação, pode ser utilizada para ilustrar o aspeto geográfico.

II. Cartografia clássica

11.1. Cartografia

A Cartografia é definida pela Associação Cartográfica Internacional da seguinte forma A arte, a ciência e a tecnologia de fazer mapas e de os estudar como documentos científicos e obras de arte. Os documentos geográficos são representações que mostram as particularidades de um território e permitem localizar elementos ou fenómenos que ocorrem, segundo Cadène (2004).

Em 1966, foram fundados a Association Cartographique Internationale (ACI) e o Comité Français de Cartographie: "A cartografia é o conjunto dos estudos e actividades científicas, artísticas e técnicas, baseadas nos resultados de operações diretas ou na documentação, que visam a produção de mapas, planos e outras representações, bem como a sua aplicação". O objetivo da cartografia é a representação geométrica da Terra ou de outro planeta através da conceção, elaboração e produção de mapas.

A cartografia é simultaneamente uma ciência, uma arte e uma técnica. O mapa, que é o seu objetivo final, tende a aproximar-se da verdade com um certo grau de beleza (Didier & Poidevin, 2007 *in* Aouadj, 2009).

11.2. O mapa

O mapa é um meio de comunicação pictórico na medida em que o desenhador teve em conta as leis da perceção visual, o poder de separação do olho, os contrastes das cores, os contrastes das cores e as regras tipográficas da escrita (Darteyre, 2008 *in* Aouadj, 2009).

Segundo F. Joly, "um mapa é uma representação simplificada, convencional, plana, geométrica e convencional da totalidade ou de parte da superfície terrestre num grau de semelhança adequado, designado por escala". Um mapa é um desenho simplificado e plano que mostra o mundo ou uma parte dele. Pode também ser utilizado para representar um fenómeno concreto ou abstrato sobre um fundo cartográfico. Esta representação é feita em papel ou noutro suporte como o vidro, a madeira ou o ecrã do computador. Os mapas podem ser desenhados à mão ou à máquina. As distâncias no mapa estão sempre na mesma proporção que no terreno (Anson & Ormeling, 2002 *in* Aouadj, 2009).

11.2.1. Qualidade do mapa

1- Precisão das posições dos objectos no solo (por exemplo, a estrada não está deslocada).

2- A exatidão e a fidelidade do conteúdo, que tem de ser adaptado ao terreno (por exemplo, pavimentado ou não pavimentado).

3- Honestidade: as informações prestadas são fiáveis.

4- Fiabilidade: o cartão é fiável (por exemplo, a exatidão de certos documentos).

5- Legibilidade, ou seja, a clareza da perceção visual do conteúdo

6- Seletividade, que ajuda a distinguir entre diferentes categorias de objectos.

7- Clareza.

11.2.2. Componentes do mapa

- Escala do mapa :

Escala digital: É a relação entre 1 cm no mapa e o valor real no terreno. "É a relação entre uma distância medida no mapa e a mesma distância medida no terreno, reduzida ao horizonte. Expresso de duas formas:

1cm por 5 km ; 1/500000

Escala gráfica: Linhas rectas, simples ou duplas, divididas em partes iguais, representadas por unidades escolhidas em km.

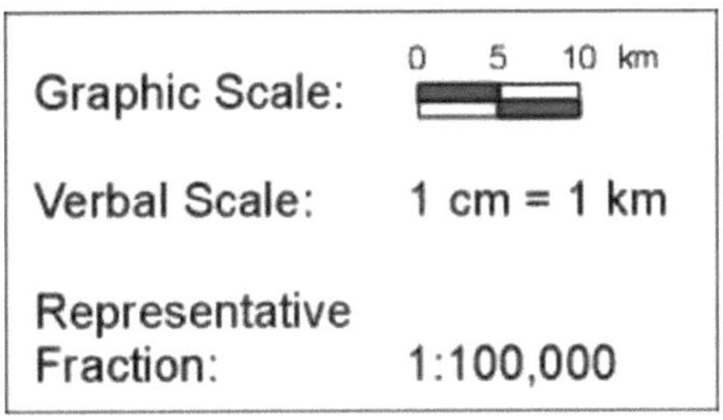

Figura 2. Tipos de escala cartográfica. (www.surveyinggroup.com)

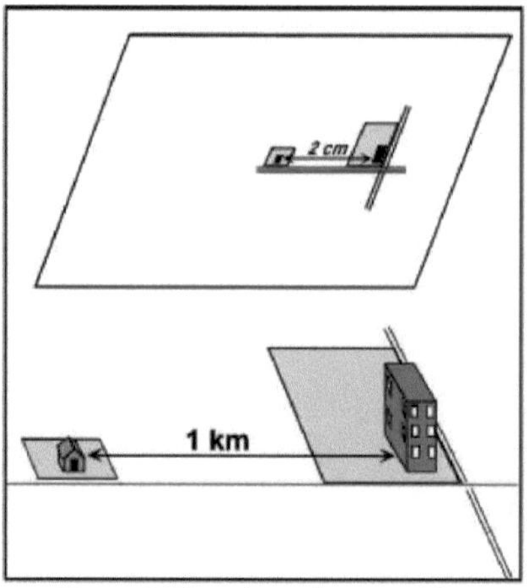

Figura 3. Tipos de escala cartográfica.

- Nome e número do mapa

O nome da cidade ou aldeia mais importante no mapa.

- Uma lenda

A legenda é uma descrição e identificação dos símbolos no mapa. Estes símbolos, designados por sinais convencionais, são representados por cores diferentes:

-Azul: representa pormenores e textos relacionados com a água: rede hidrográfica (rios, wadis), lagos, mar, reservatórios, pântanos, fontes de água...

-Verde: representa todo o coberto vegetal natural ou cultivado

- Preto: Representa

- ✓ elementos antropogénicos como edifícios, caminhos-de-ferro, linhas de transporte, linhas eléctricas...
- ✓ toponímia (nomes de lugares),

Coordenadas e planimetria (alturas exactas, coordenadas, etc.)

- ✓ Fronteiras administrativas (estados, condados, distritos)
- ✓ Bistre: representação da orografia (contorno do relevo)

-Sistema de orientação

Norte do mapa, indicado com "y". É dado pelos meridianos em grelha utilizados no mapa.

o Norte Geográfico (NG) (ou Norte Astronómico), que é indicado pelas margens do mapa. Por convenção, a parte superior do mapa aponta sempre para o NG, o sul para a parte inferior, o leste para a direita e o oeste para a esquerda (ver rosa dos ventos abaixo).

o Norte magnético (MN), que é indicado pela agulha magnetizada e que forma um ângulo (ou declinação magnética) com o tempo em relação ao norte geográfico. norte geográfico. O valor deste desvio à data de publicação do mapa é indicado para o ponto central da folha com a sua diminuição anual em minutos centesimais.

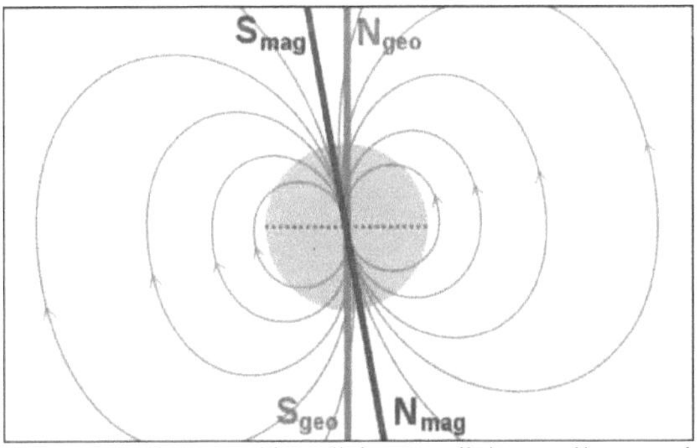

Figura 4. Atualmente, os pólos magnéticos (linha vermelha) e os pólos geográficos (a verde) estão separados por cerca de dez graus. A Terra gira em torno dos polos geográficos, mas as bússolas magnéticas apontam para os polos magnéticos. (Christopher S. Baird, 15 de novembro de 2013).

-Sistema de localização

Os parâmetros da localização de um ponto são os seguintes o coordenadas geográficas ou latitude e longitude o coordenadas rectangulares ou coordenadas cartográficas

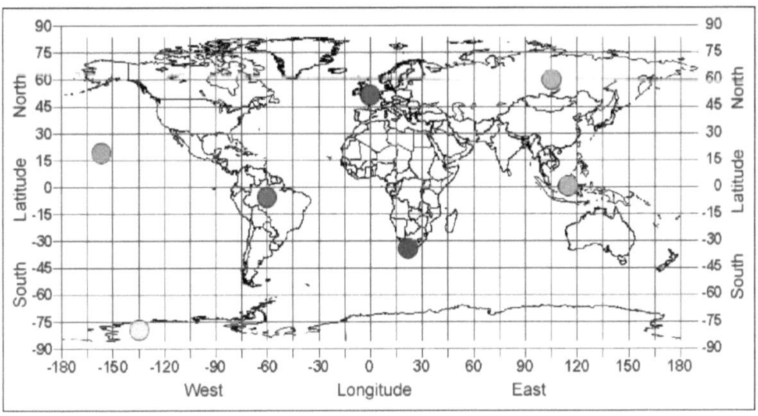

Figura 5. Grelha Geográfica.

-Sistemas de projeção de mapas

A Terra é uma superfície elipsoide. O mapeamento de posições geográficas de uma superfície curva para uma superfície plana requer cálculos matemáticos denominados projeção cartográfica.

A projeção da superfície esférica do globo terrestre num plano envolve uma série de transformações que resultam em deformações: mudança de ângulos, mudança de ângulos, mudança de distâncias, mudança de distâncias, mudança de distâncias, mudança de formas e direcções. formas e direcções. Existem pelo menos três tipos de projecções: cónicas, cilíndricas e planas.

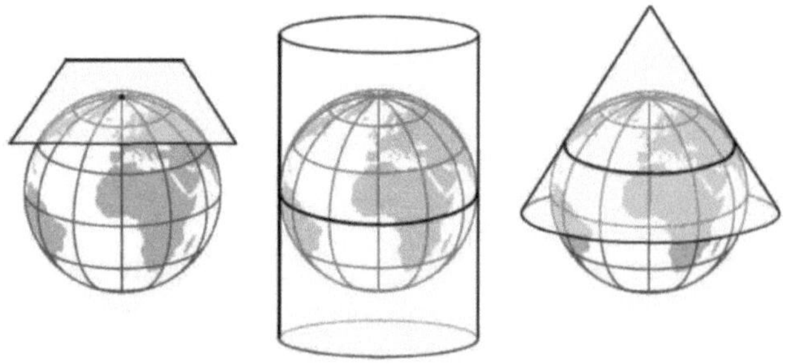

Figura 6. Os diferentes tipos de projeção [(1): Polar estereoscópica; (2): Cilíndrica; (3): Cónica]. (Borden, 2009 *in* Aouadj, 2009)

-Projecções cartográficas utilizadas na Argélia

Há uma série de séries de mapas IGN da Argélia, em várias escalas IGN:

- ✓ 1 : 25 000 : Estes mapas estão na projeção da União Transversal de Mercator (MTU) sobre o elipsoide de Clarke 1880.
- ✓ 1 : 50 000 : Estes mapas estão desenhados sobre o elipsoide de Clarke 1880, em projeção de Bonne até 1942, depois em projeção cónica de Lambert.

- Projeção de Lambert

Trata-se de uma projeção cónica conformada que foi utilizada para a cartografia da Argélia à escala 1:50.000 de 1943 a 1960. Para identificar os detalhes planimétricos e altimétricos, uma grelha quilométrica vermelha denominada "Lambert corroyage" delimita um quadrado de 1 km.

A Argélia foi dividida em duas zonas para minimizar as deformações (alterações lineares):

- Uma projeção denominada "Lambert Nord" que cobre o norte da Argélia.
- Uma projeção denominada "Lambert Sud" que cobre o sul da Argélia.

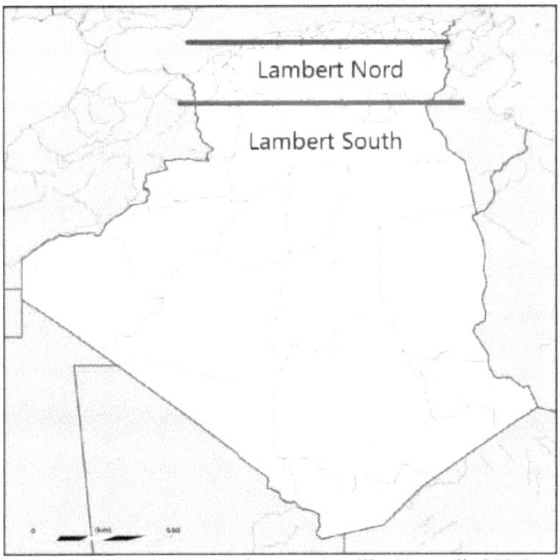

Figura 7. Projeção Lambert na Argélia (Aouadj, 2024).

- Representação cartográfica UTM (Universal Transversa de Mercator)

As caraterísticas da projeção Mercator são as seguintes

Divide o mundo em 60 zonas (numeradas de 1 a 60). Cada zona cobre 6° de longitude. Trata-se de uma projeção cilíndrica, transversal e conforme, ou seja, angular (Darteyre, 2008 *in* Aouadj, 2009).

As coordenadas rectangulares (cartesianas) são expressas em metros. UTM (Universal Transversa de Mercator) é a representação cartográfica plana atual adoptada pela Argélia em 2003. A Argélia estende-se de oeste para leste em quatro zonas 29, 30, 31 e 32, ou seja, 9° a oeste do meridiano de referência e 12° a leste do meridiano de origem.

A Argélia está dividida em 04 zonas:

- Zona Norte UTM 29: entre 8,67 graus e 3 graus a oeste de Greenwich;

- Zona Norte UTM 30: entre 3 graus oeste e 4 graus leste de Greenwich;
- Zona Norte UTM 31: entre 4 graus leste e 9 graus leste de Greenwich;
- Zona Norte UTM 32: entre 9 graus leste e 12 graus leste de Greenwich.

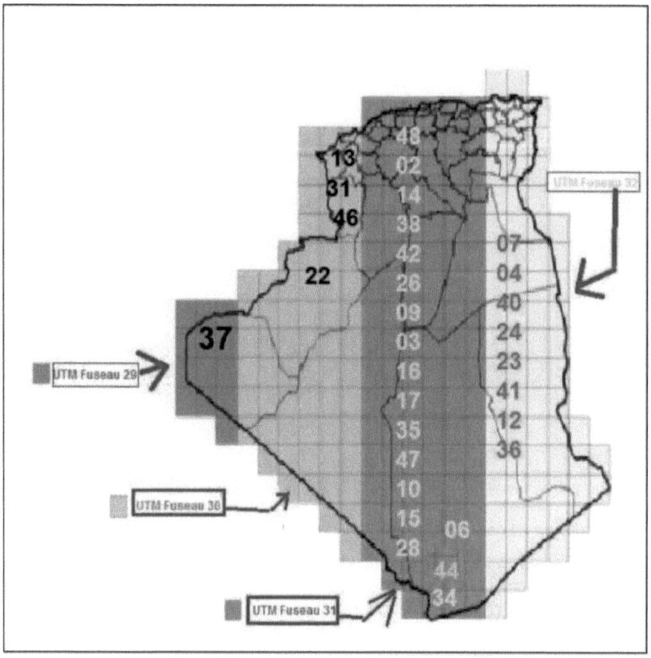

Figura 8. Projeção de Mercator na Argélia.

II. 3. O trabalho do cartógrafo

O cartógrafo deve, em primeiro lugar, apreender a realidade do terreno para enumerar, organizar e dispor os objectos geográficos - por outras palavras, os dados quantitativos ou qualitativos que estão na base do mapa. É o cartógrafo que decide que dados manter e quais descartar. Esta escolha é muitas vezes crucial para a legibilidade do documento final. Está também muitas vezes ligada ao tema do mapa e, quando apropriado, ao público leitor do mapa.

Os domínios científicos diretamente envolvidos são (Nabed, 2020):

- Astronomia: inclui medições astronómicas de estrelas (Estrela Polar) a partir de pontos fundamentais da Terra, para determinar posições e direcções na Terra.

- Geodesia: A ciência da determinação da forma e das dimensões da Terra. Conjunto de técnicas para determinar as posições planimétricas (X, Y) e altimétricas (Z) de um conjunto de pontos geodésicos e de marcos de nivelamento.

- Fotogrametria: Técnicas de utilização de fotografias aéreas ou imagens de satélite para fins cartográficos (ortoimagens, modelos digitais de terreno, mapas, etc.).

II.4. Ramos da cartografia

A cartografia tem um campo de aplicação muito vasto, com um número infinito de temas possíveis. é infinito. Para estudar os fenómenos que podem ser cartografados, os mapas são classificados (Anson & Ormeling, 2002 *in* Aouadj 2009). Estes ecrãs planos podem ser divididos em dois grupos principais:

- ✓ Mapas temáticos (tópicos), que cobrem grandes áreas a escalas mais pequenas, mostrando apenas as caraterísticas mais importantes,
- ✓ As cartas topográficas, por outro lado, cobrem apenas uma pequena área e representam o maior número possível de pormenores do terreno a uma grande escala.

Capítulo 2: Bases físicas da teledeteção

II. Bases físicas da teledeteção

II.1. Deteção remota

A teledeteção é uma ferramenta utilizada para recolher dados sobre um objeto, um fenómeno ou uma área à distância, sem ter de lhe tocar. Os dados contidos nas imagens de satélite, sob a forma de radiação electromagnética, são utilizados para diversos temas de estudo, nomeadamente fenómenos agronómicos ou ambientais, como a desflorestação, a desertificação e a poluição, e para o controlo da vegetação e das culturas, etc.

A deteção remota é o conjunto de ferramentas e métodos utilizados para medir as ondas electromagnéticas - ondas electromagnéticas emitidas por objectos no solo.

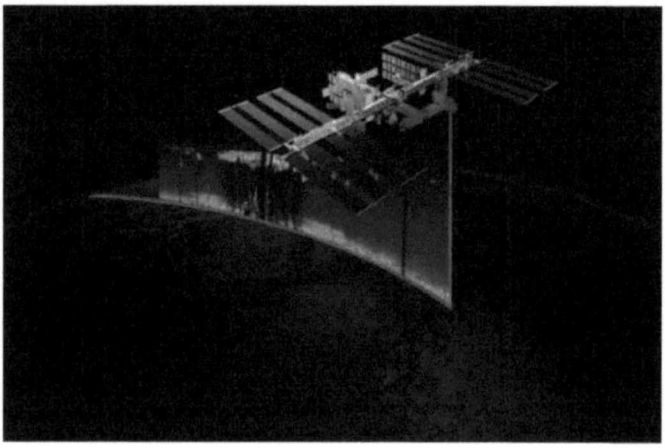

Figura 9. Deteção remota (NASA). (https://www.nasa.gov/diretorates/somd/space-communications-navigation-program/remote-sensing/).

Os instrumentos de deteção remota são de dois tipos principais - activos e **passivos**. Os sensores activos fornecem a sua própria fonte de energia para iluminar os objectos que observam. Um sensor ativo emite radiação na direção do alvo a ser investigado. O sensor detecta e mede então a radiação que é reflectida ou retrodifundida pelo alvo. Os sensores passivos, por outro lado, detectam a energia natural (radiação) que é emitida ou reflectida pelo objeto ou cena que está a ser observada. A luz solar reflectida é a fonte mais comum de radiação medida por sensores passivos (NASA):

- Um sensor ativo é um instrumento de radar utilizado para medir os sinais transmitidos pelo sensor que foram reflectidos, refractados ou dispersos pela superfície da Terra ou pela sua atmosfera. Os sensores activos instalados no espaço têm uma variedade de aplicações relacionadas com a meteorologia e a observação da superfície e da atmosfera da Terra. Por exemplo, os radares de precipitação medem o eco de radar da chuva para determinar a taxa de precipitação sobre a superfície da Terra; e os radares de perfil de nuvens medem o retorno do eco de radar das nuvens para fornecer um perfil tridimensional da refletividade das nuvens sobre a superfície da Terra.

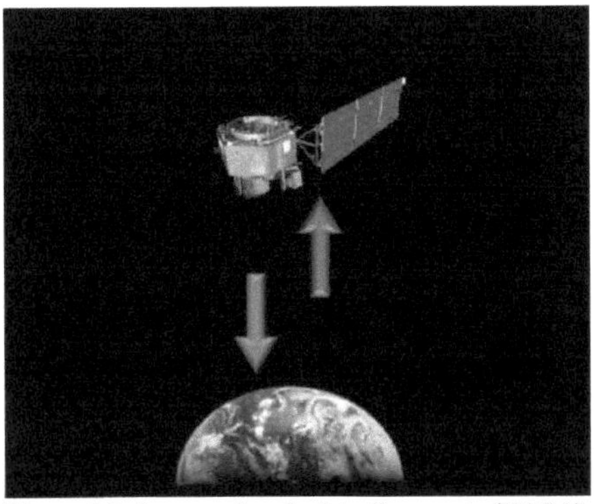

Figura 10. Sensor ativo de deteção remota (NASA).
(https://www.nasa.gov/diretorates/somd/space-communications-navigation-program/remote-sensing/).

- Um sensor passivo é um instrumento de micro-ondas concebido para receber e medir as emissões naturais produzidas pelos constituintes da superfície da Terra e da sua atmosfera. A potência medida pelos sensores passivos é uma função da composição da superfície, da temperatura física, da rugosidade da superfície e de outras caraterísticas físicas da Terra. As bandas de frequência para as medições dos sensores passivos são determinadas por propriedades físicas fixas (ressonância molecular) da substância que está a ser medida. Estas frequências não se alteram e a informação não pode ser duplicada noutras bandas de frequência.

Figura 11. Sensor passivo de deteção remota (NASA).
(https://www.nasa.gov/diretorates/somd/space-communications-navigation-program/remote-sensing/).

II.1.1. Fotografia aérea

A foto-interpretação é o ato de examinar uma fotografia aérea para reconhecer um objeto e fazer uma avaliação do seu significado. Teve origem na cartografia aérea, que foi a principal fonte de dados de teledeteção até à década de 1970. Atualmente, o termo refere-se à interpretação visual, assistida por computador ou automatizada de imagens de deteção remota.

De um modo geral, uma fotografia aérea é uma fotografia tirada do ar.

A fotografia aérea é utilizada na deteção remota na parte visível do campo eletromagnético e na parte do infravermelho próximo (0,4 µm - 0,8 µm), contendo as cores púrpura, azul, vermelho, amarelo, laranja e verde. Também pode ser pancromática a preto e branco. Existem dois tipos de película a preto e branco: a cartográfica, sensível a todos os comprimentos de onda visíveis, e a de deteção, que elimina o azul para reduzir a difusão atmosférica.

Figura 12. Fotografia aérea.
(https://www.canon.com.au/get-inspired/aerial-photography-videography-tips).

-Os diferentes tipos de fotografias aéreas :

a- ***Fotografias aéreas pancromáticas simples a preto e branco***: disponíveis a baixo custo em todo o mundo. Caracterizam-se por uma boa resolução espacial e são utilizadas para uma variedade de objectivos, como a delimitação de diferentes tipos de doenças de plantas agrícolas e a erosão...

Imagens aéreas de infravermelhos *a preto* ***e branco:*** Semelhantes às anteriores, exceto que a sua sensibilidade espetral pode descer até 1 µm no infravermelho próximo. Caracterizam-se pela sua capacidade de penetrar no nevoeiro. A água aparece escura nestas fotografias. São utilizadas para: o estudo de culturas agrícolas, o estudo de culturas doentes, mapas florestais e mapas de humidade do solo em terrenos agrícolas. terrenos agrícolas.

c- ***Fotografias aéreas monocromáticas:*** utilizadas em câmaras convencionais e compostas pelas três cores vermelho, verde e azul (RGB). São mais utilizadas na agricultura para diferenciar tipos de culturas, árvores, tipos de solo e doenças de plantas. árvores, tipos de solo e doenças de plantas.

d- ***Fotografias aéreas a cores por infravermelhos:*** aparecem em falsa cor, com a vegetação a vermelho e o solo a verde. São utilizadas para detetar pragas agrícolas, uma vez que as plantas doentes aparecem com uma cor diferente das saudáveis.

e- ***Fotografias aéreas multiespectrais:*** são produzidas através da utilização de várias câmaras para combinar diferentes tipos de fotografias aéreas, combinando de 3 a 9 diferentes

bandas diferentes. São utilizadas para caraterizar várias culturas.

f- ***Fotografias aéreas hiperespectrais:*** produzidas pela combinação de diferentes tipos de fotografias aéreas diferentes tipos de fotografias aéreas diferentes tipos de fotografias aéreas, combinando informações de 10 a várias centenas de bandas espectrais diferentes.

g- ***Fotografias aéreas de micro-ondas e de radar:*** são monocromáticas, mas processam comprimentos de onda de radar e de micro-ondas.

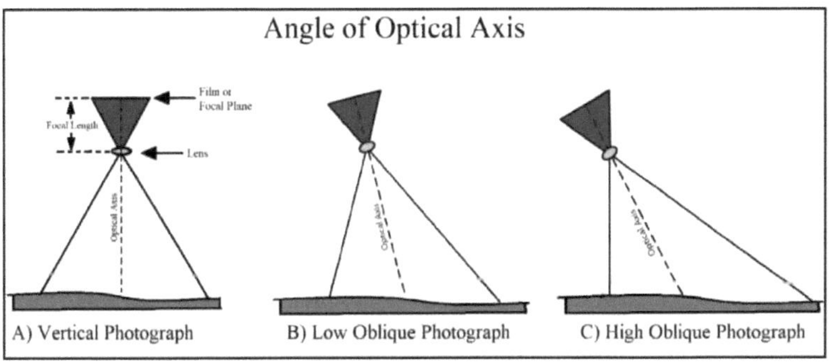

Figure 13. Types of Aerial Photography - Pan Geography. (https://pangeography.com/types-of-aerial-photography/).

-Princípio e desenvolvimento da fotografia aérea

As fotografias aéreas são tiradas de uma posição vertical, a partir de um avião ou drone, utilizando uma câmara especial. As fotografias tiradas pela câmara respeitam as proporções de sobreposição de cada duas fotografias. A área coberta pela primeira foto na segunda foto é de 60% na direção longitudinal e de 20 a 40% na direção transversal.

Figura 14. Princípios de captura aérea de fotografias (https://lakhimi.blogspot.com/2020/05/photogrammetry-and-types-of.html).

O princípio básico da fotogrametria é a triangulação. As "linhas de visão" podem ser desenvolvidas a partir de cada câmara para pontos no objeto, tirando fotografias de pelo menos dois locais diferentes. Estas "linhas de visão" (por vezes designadas por "raios" devido à sua natureza ótica) são matematicamente intersectadas para produzir as coordenadas tridimensionais dos pontos desejados. A triangulação é também o princípio utilizado pelos teodolitos para medir coordenadas.

Se estiver familiarizado com estes instrumentos, encontrará muitas semelhanças (e algumas diferenças) entre a fotogrametria e os teodolitos. Mais perto de casa, a triangulação é também a forma como os seus dois olhos trabalham em conjunto para medir a distância (chamada perceção de profundidade).

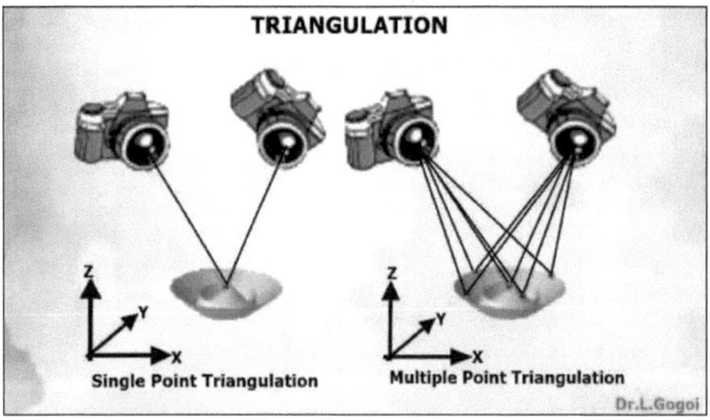

Figura 15. Triangulação. (https://lakhimi.blogspot.com/2020/05/photogrammetry-and-types-of.html).

II.1.2. Deteção remota avançada

Após o lançamento dos satélites em 1957, estes orbitam a superfície da Terra. A utilização de imagens de satélite, que é menos dispendiosa do que a fotografia aérea, tem vindo a aumentar desde então. As imagens de satélite são conhecidas pela sua riqueza de informação espetral.

II.1.2.1. Processo de deteção remota

A maior parte da deteção remota envolve a interação entre a energia incidente e os alvos. O processo de deteção remota com a utilização de sistemas de imagem consiste nas sete etapas seguintes:

- ***Energia ou iluminação:*** Uma fonte de energia para iluminar o alvo está necessariamente no início de qualquer processo de deteção remota.
- ***Radiação e atmosfera:*** A radiação interage com a atmosfera à medida que viaja da fonte de energia para o alvo. Uma segunda interação ocorre entre o alvo e o dispositivo de deteção.
- ***A interação com a superfície do alvo:*** A energia interage com a superfície do alvo quando atinge o alvo. A natureza desta interação depende das caraterísticas da radiação e das propriedades da superfície.
- ***Captação da energia através de um sensor:*** Depois de a energia ter sido dispersa ou emitida pelo alvo, deve ser captada à distância (por um sensor que não esteja em contacto com o alvo) para que haja um registo da energia.
- ***Envio, receção e processamento:*** A energia detectada pelo sensor é transmitida, muitas vezes eletronicamente, para um recetor onde é convertida em imagens digitais ou fotográficas.
- ***Interpretação e análise:*** Para extrair as informações desejadas sobre o alvo, é necessária uma interpretação visual e/ou digital da imagem processada.
- ***Aplicação:*** A última etapa do processo consiste em utilizar a informação extraída da imagem para compreender melhor o alvo. A imagem é utilizada para compreender melhor o alvo, para nos ajudar a descobrir coisas novas ou para ajudar a resolver um problema específico.

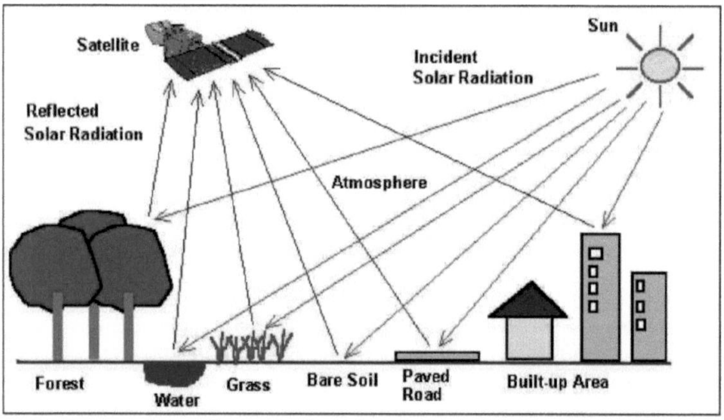

Figura 16. Processo de deteção remota. (https://crisp.nus.edu.sg/~research/tutorial/optical.htm).

A teledeteção é, portanto, o resultado da interação entre três elementos fundamentais: uma fonte de energia, um alvo e um sensor. Uma fonte de energia, um alvo e um sensor, e consiste em medir o sinal eletromagnético emitido ou refletido por um alvo.

II.1.3. Radiação electromagnética, interações entre a radiação e a matéria

O sistema biológico através do qual vemos é um sistema de deteção remota. A retina é constituída por cones e bastonetes. Estas células visuais convertem a energia electromagnética em impulsos nervosos sensoriais. Através de uma série de reacções químicas, estes impulsos são depois transmitidos ao cérebro através do nervo ótico.

O olho envia a informação para o cérebro. O cérebro divide a luz em três bandas de cores diferentes e sintetiza-as numa única cor. Os satélites, por outro lado, fornecem informações gerais sem aumentar a quantidade de informações desejadas.

Na teledeteção, utilizamos as propriedades físicas dos objectos observados, nomeadamente as suas propriedades ópticas, para obter informações sobre a natureza desses objectos. Esta informação é transmitida ao sistema de observação por radiações electromagnéticas, como a luz. luz.

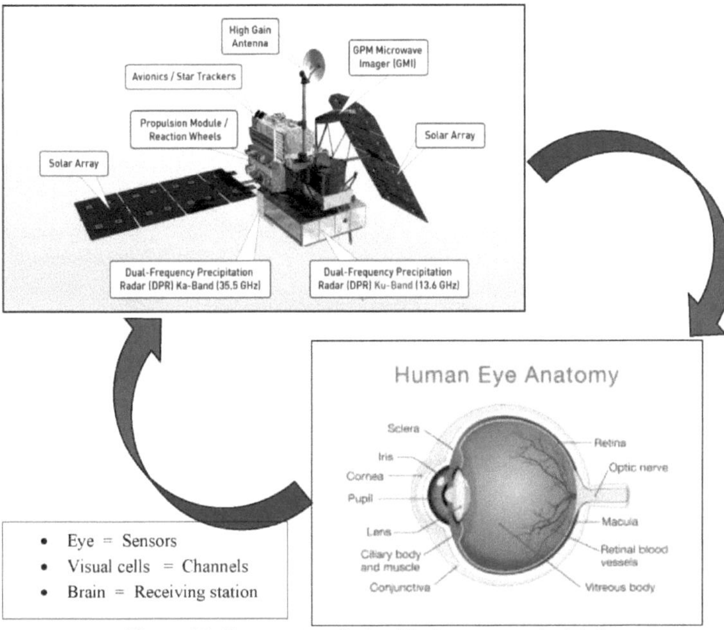

Figura 17. Comparação olho/satélite "o mesmo princípio".

Na teledeteção, a radiação electromagnética é utilizada como fonte de teledeteção para a teledeteção. Esta radiação corresponde a ondas electromagnéticas. Estas ondas transportam energia que é mais ou menos absorvida por vários meios diferentes. A radiação electromagnética é caracterizada por um comprimento de onda e uma frequência.

A radiação electromagnética é representada por dois vectores inseparáveis e perpendiculares entre si: o campo elétrico E e o campo magnético H.

A radiação electromagnética é caracterizada pelas seguintes caraterísticas :

- Comprimento de onda λ = distância percorrida pela onda à velocidade v durante um período T. λ é medido em metros ou um dos seus submúltiplos, como nanómetros (10^{-9} metros), micrómetros (10^{-6} metros) ou centímetros (10^{-2} metros).
- Período T = o tempo T em que a onda efectua uma oscilação completa.
- Frequência (f) = oscilações por segundo com $T = 1/f$. A frequência é normalmente medida em Hertz (Hz), que significa oscilações por segundo.
- $\lambda = vT = v/f$ dos quais :
  f = frequência
  λ = comprimento de onda
  v = velocidade da luz

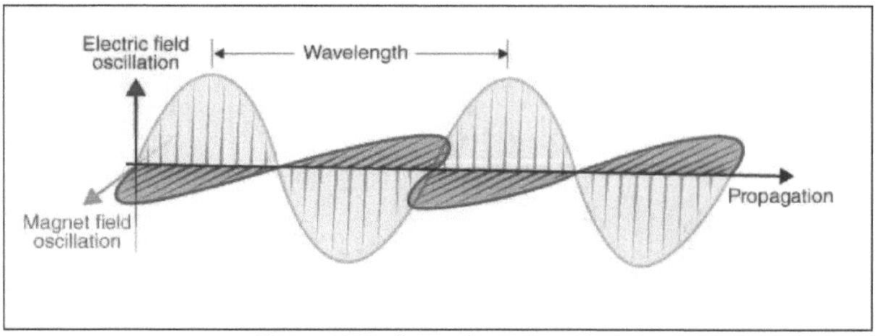

Figura 18. Radiação electromagnética.

II.1.3.1. Espectros electromagnéticos

A radiação electromagnética é um fenómeno vibratório constituído por uma série de ondas sinusoidais que se designam por "bandas espectrais". Cada banda é caracterizada por uma amplitude diferente e uma frequência diferente e, por conseguinte, pelo seu próprio conjunto de comprimentos de onda.

O espetro eletromagnético vai das ondas curtas (incluindo os raios gama e os raios X) às ondas longas (micro-ondas e ondas de rádio). Várias regiões do espetro eletromagnético são utilizadas na deteção remota:

- Os comprimentos de onda mais pequenos que são utilizados na deteção remota situam-se na gama do ultravioleta. Esta radiação está para além da gama do violeta. Alguns materiais na superfície da Terra, especialmente rochas e minerais, fluorescem ou emitem luz visível quando iluminados por radiação ultravioleta.

- O visível (a luz que pode ser detectada pelos nossos olhos). De facto, o olho humano é o principal sensor para a deteção remota. Os comprimentos de onda visíveis variam entre 0,4 e 0,7 µm.

  - Violeta: 0,400 - 0,446 µm
  - Azul: 0,446 - 0,500 µm
  - Verde: 0,500 - 0,578 µm
  - Amarelo: 0,578 - 0,592 µm
  - Laranja: 0,592 - 0,620 µm
  - Vermelho: 0,620 - 0,700 µm

- O infravermelho estende-se de cerca de 0,7 a 100µm e divide-se em duas categorias (infravermelho refletido e infravermelho emitido ou térmico).

- A região das micro-ondas tem suscitado grande interesse na deteção remota desde há algum tempo. Esta região inclui os comprimentos de onda mais longos utilizados na deteção remota. Estende-se de cerca de 1mm a 1m.

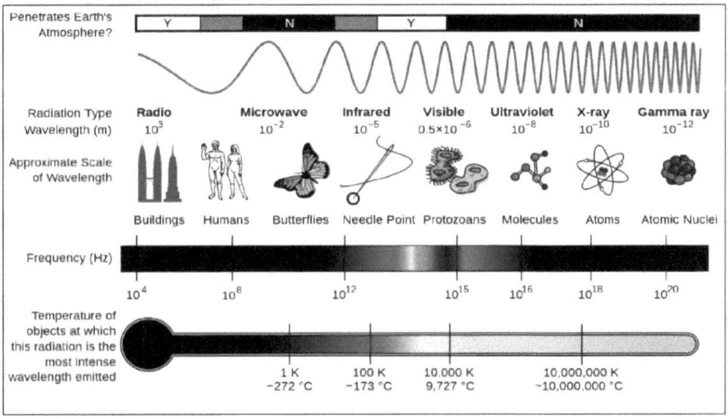

Figura 19. Espectros electromagnéticos.

II.1.3.2. Interação entre a radiação e o alvo (matéria)

A energia associada à radiação só se propaga na sua totalidade (sem qualquer perda) no vácuo. Quando exposta à radiação de uma fonte externa, a matéria (sólida, líquida ou gasosa) absorve uma parte dessa radiação, que é radiação. Esta radiação é convertida em calor (conversão da energia radiante em energia térmica). O resto é reflexão ou transmissão através do corpo (possivelmente com uma mudança na direção de propagação, que é a refração). Cada corpo é, portanto, caracterizado por um coeficiente de absorção (α), um coeficiente de refletividade (ρ) e um coeficiente de transmitância (τ), que exprimem a proporção de energia radiante que é absorvida, reflectida ou transmitida.

De acordo com o princípio da conservação da energia, a soma dos coeficientes é igual a 1:

$$\alpha + \rho + \tau = 1$$

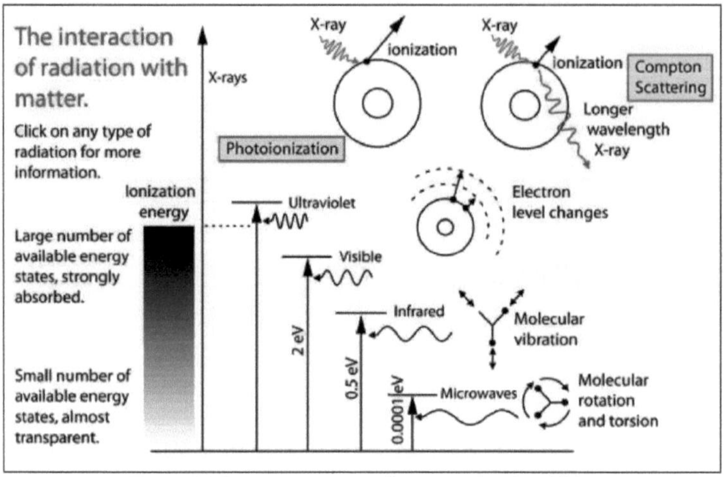

Figura 20. Interação entre a radiação e o alvo (matéria). (http://hyperphysics.phy-astr.gsu.edu/hbase/mod3.html).

II.1.3.3. Caraterísticas visuais das zonas naturais: folha das plantas (folhagem), solos, água e outras zonas terrestres

- A absorção (A) ocorre quando a energia da radiação é absorvida pelo alvo. A transmissão (T) ocorre quando a energia da radiação passa através do alvo, e a reflexão (R) ocorre quando a energia da radiação é redireccionada pelo alvo.

Na deteção remota, medimos a reflexão da radiação de um alvo. Existem dois tipos de reflexão, consoante a superfície do alvo: especular e difusa.

Figura 21. Interação da radiação electromagnética incidente com a folha da planta (Ebele Josephine Emengini, 2019).

- Uma superfície lisa produz uma reflexão especular, o que significa que toda a energia é direcionada na mesma direção (como um espelho). A reflexão difusa ocorre quando a superfície é rugosa, redireccionando a energia uniformemente numa direção. todas as direcções. A maioria dos objectos na superfície da Terra situa-se entre estes dois extremos.

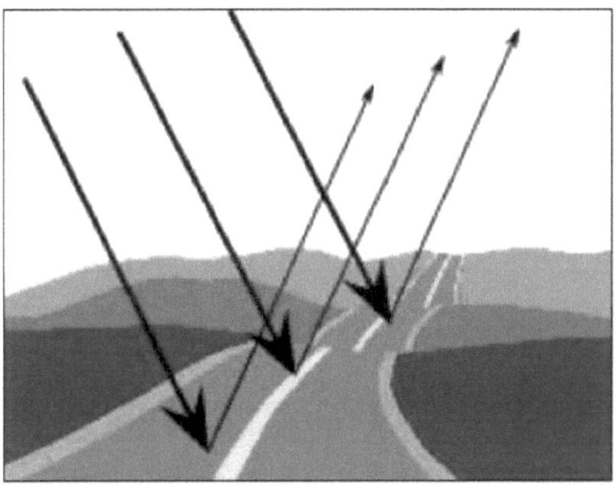

Figura 22. Reflexão especular.

- A água tende a absorver mais os comprimentos de onda mais longos da radiação nas gamas do visível e do infravermelho próximo. Como resultado, a água aparece geralmente com uma cor azul ou verde-azulada porque é mais reflectora nos comprimentos de onda mais curtos, e aparece ainda mais escura quando vista nos comprimentos de onda do vermelho ou do infravermelho próximo. A transmissão diminui, a reflectância aumenta e a água parece mais clara quando as camadas superiores da água contêm sedimentos em suspensão.

A cor da água mudará ligeiramente para comprimentos de onda maiores. Por vezes confundimos água com sedimentos em suspensão com água límpida e pouco profunda. A clorofila das algas absorve mais azul e reflecte mais verde. Por isso, a água que contém algas parece mais verde.

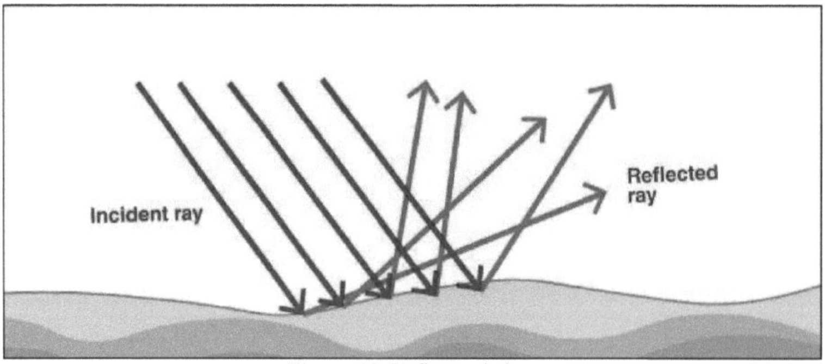

Figura 23. Reflexão da luz.

Capítulo 3: Processamento de dados de deteção remota (Digital image processing in remote sensing)

III. Processamento de dados de deteção remota

111.1. Pré-tratamento

O pré-processamento refere-se às operações que são efectuadas nas imagens antes de qualquer processamento, a fim de as corrigir ou melhorar de forma geométrica e temática. Existem 3 tipos de pré-processamento:

111.1.1. Ajuste atmosférico (O problema da correção atmosférica)

Em função das caraterísticas temáticas da zona de estudo e do método de tratamento da imagem utilizado, são aplicadas correcções atmosféricas às imagens digitais. Sem dispor de dados que descrevam as condições meteorológicas no momento em que a imagem foi obtida, não é possível obter a verdadeira contribuição da atmosfera. As correcções atmosféricas são, portanto, efectuadas por simulação, a fim de obter uma avaliação mais precisa.

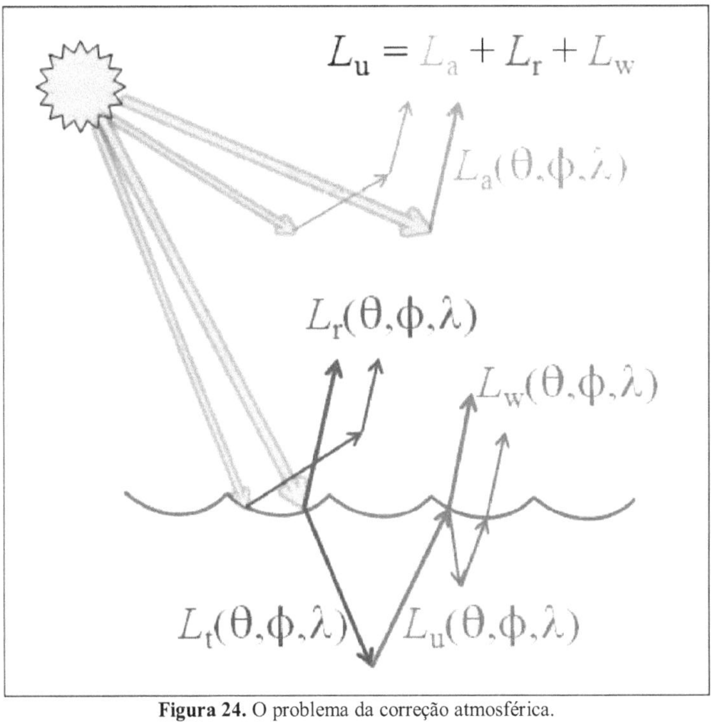

Figura 24. O problema da correção atmosférica.

III.1.2. Correcções radiométricas

Os dados brutos de teledeteção contêm erros radiométricos, tanto pontuais como de linha. Estes erros devem-se principalmente ao sensor a bordo do satélite.

"O objetivo da correção radiométrica é a eliminação destes defeitos. Consiste também na reformatação e eliminação de linhas nas imagens, incluindo a calibração relativa dos canais".

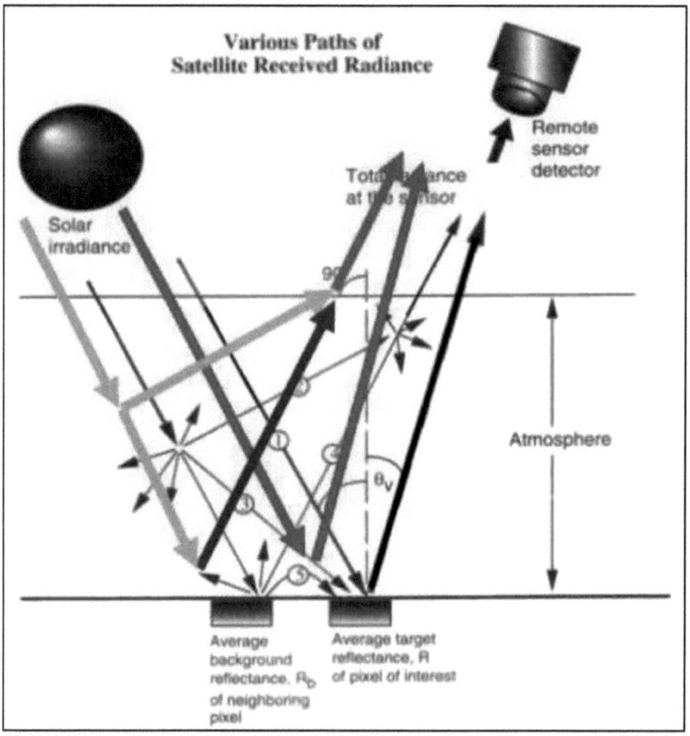

Figura 25. O problema das correcções radiométricas.

III.1.3. Correcções geométricas

Em termos gerais, as correcções geométricas têm dois objectivos:

-Melhoria da qualidade dos dados através da redução do ruído (ruído espacial); o termo ruído abrange qualquer distorção que possa obscurecer a informação de interesse.

-Transformar dados brutos em medições posicionais dos objectos detectados.

As imagens de satélite não podem ser sobrepostas a mapas topográficos; a transformação só pode ser conseguida através do estabelecimento de uma ligação a um quadro de referência espacial (por exemplo, um mapa). As imagens produzidas por sensores contêm deformações espaciais. Não são apresentadas em nenhuma das projecções cartográficas habitualmente utilizadas.

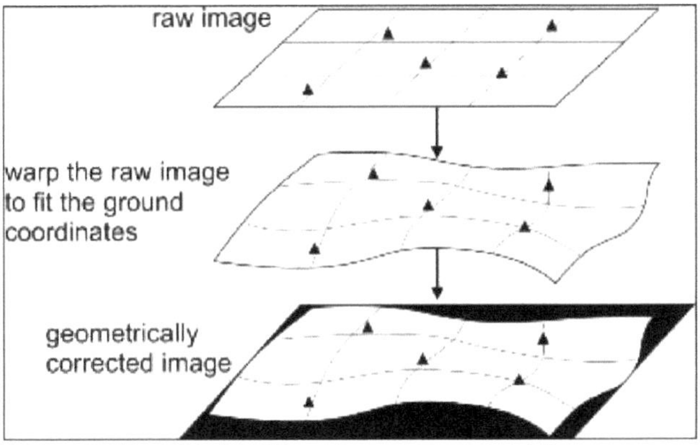

Figura 26. O problema das correcções geométricas.

III.2. Processamento digital

III.2.1. Criar composições de cores

A informação fornecida por um único canal nem sempre é suficiente para fornecer um detalhe satisfatório que reflicta o que se espera extrair dos dados de teledeteção. O princípio consiste simplesmente em expor sucessivamente filmes correspondentes a três bandas espectrais, cada uma das quais com um código de cores bem definido. Por outras palavras, são visualizados três canais, cada um dos quais é atribuído a uma das três cores primárias (azul, verde, vermelho). O resultado final é uma imagem tricromática, designada por composição cromática, em que os motivos se distinguem por diferentes tonalidades destas três cores básicas.

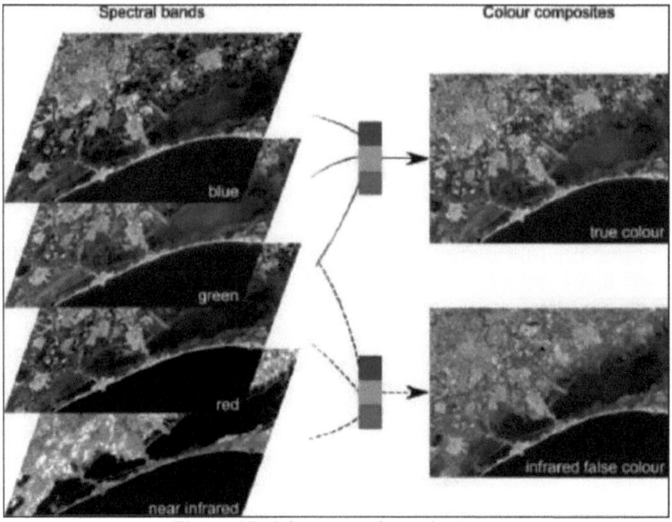

Figura 27. Criar composições de cores.

III.2.2. Criar imagens a cores compostas

III.2.2.1. Composto diacrónico

O estudo diacrónico consiste na criação de uma imagem a cores a partir de três imagens multiespectrais da mesma zona obtidas em momentos diferentes.

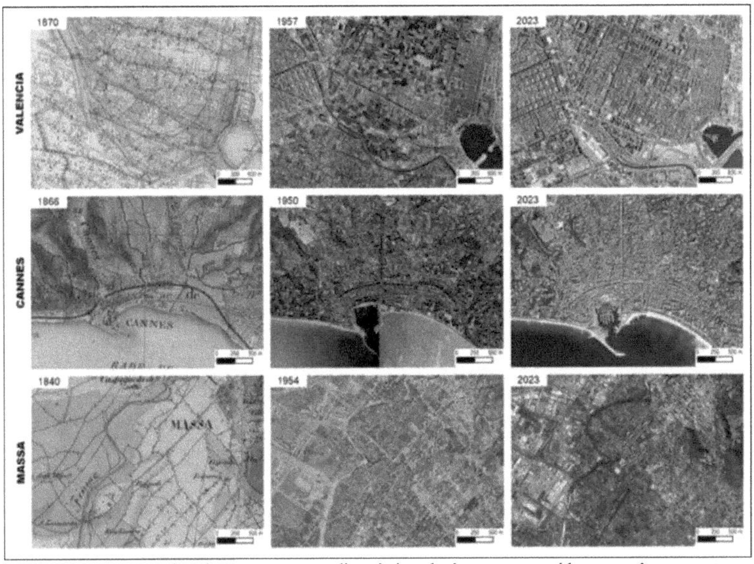

Figura 28. Exemplos de mapeamento diacrónico de áreas construídas em três contextos urbanos representativos do estudo: Valência (Espanha; Caixa C), Cannes (França; Caixa A), e Massa (Itália; Caixa A). O crescimento antrópico foi reconstruído através de três períodos: meados do século XIX, meados do século XX e o presente.

(https://www.researchgate.net/publication/374368237_Anthropic_Constraint_Dynamics_in_European_Western_Mediterranean_Floodplains_Related_to_Floods_Events/figures?lo=1).

Canais a-Neo

Consiste na criação de rácios em que o valor de cada pixel é o resultado de um quociente entre várias bandas espectrais:

Índice de vegetação

O índice de vegetação é uma medida da atividade da clorofila. É, por conseguinte, um bom indicador da densidade da vegetação. Trata-se de uma combinação simples de canais.

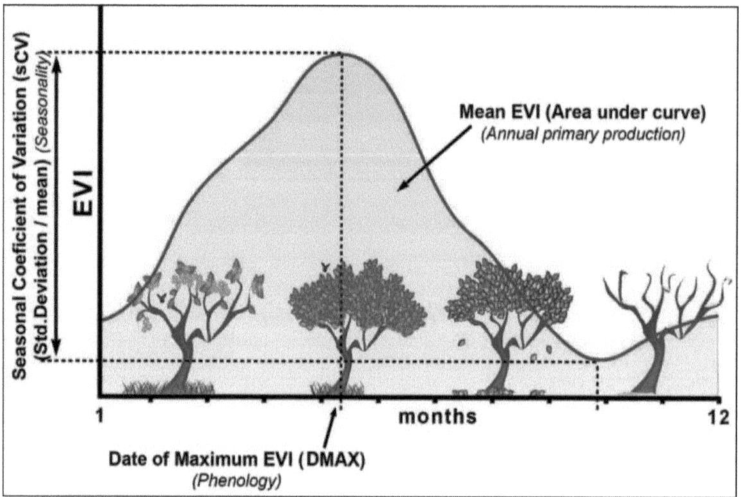

Figura 29. Índice de Vegetação e suas utilizações na Agricultura de Precisão. (https://www.cropin.com/blogs/vegetation-index-for-precision-agriculture).

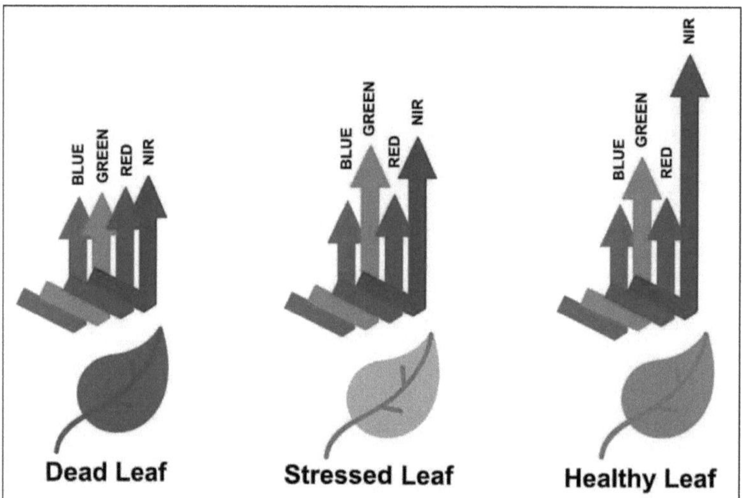

Figura 30. Índice de Vegetação.

Transformação da tampa de teste

É uma ferramenta útil para comprimir dados espectrais em algumas bandas. Estas bandas estão relacionadas com as caraterísticas físicas da cena.

Desta transformação são extraídas três informações fundamentais, nomeadamente o índice de luminosidade, o índice de humidade e o índice de verde.

111.3. Técnicas de segmentação e filtragem de imagens de deteção remota

III.3.1. Segmentação de imagens

A filtragem de imagens é o processo de modificação do aspeto de uma imagem através do ajuste das cores dos seus pixéis. É utilizada para melhorar o contraste, aplicar efeitos especiais e reduzir o ruído à volta dos caracteres em imagens de texto para melhorar as taxas de sucesso do reconhecimento ótico de caracteres (OCR).

A limiarização é provavelmente o método de segmentação mais simples. Consiste em testar cada pixel da imagem para ver se o seu valor é superior ou inferior a um determinado limiar e produz uma imagem binária que agrupa os resultados.

III.3.2. Filtragem de imagens

A filtragem de imagens envolve as chamadas operações de vizinhança, em que o valor de cada pixel na cena é recalculado de acordo com os valores dos pixéis circundantes.

111.4. Métodos de classificação de imagens de deteção remota supervisionados e não supervisionados

Os métodos mais comuns de classificação de imagens utilizam informações radiométricas de uma ou mais bandas espectrais para classificar cada pixel individualmente. Este tipo de classificação padrão é conhecido como deteção de agrupamento espetral. A imagem resultante da classificação é composta por pixéis. Cada pixel pertence a um determinado tema (por exemplo, água, floresta, edifícios, etc.). Quando falamos de classes, temos de distinguir entre classes de informação e classes espectrais:

- As classes de informação são categorias de interesse que o analista está a tentar identificar nas imagens, tais como diferentes tipos de culturas, diferentes tipos de árvores, diferentes tipos de caraterísticas geológicas, etc.

- As classes espectrais são grupos de pixéis com as mesmas caraterísticas espectrais (ou semelhantes) em termos de valores radiométricos em diferentes canais.

111.4.1. Objetivo de classificação

O mapeamento das classes espectrais para classes de informação é o objetivo final da classificação. Neste contexto, o papel do analista consiste em determinar a utilidade das diferentes classes espectrais e em validar a sua correspondência com classes de informação úteis.

111.4.2. O processo de classificação

O processo de classificação consiste em três etapas básicas:

- Criação de classes de assinatura ou espectrais,
- Classificação dos pixéis de acordo com as classes de assinatura,
- Verificação da classificação (fiabilidade em relação às classes temáticas pretendidas). As duas principais abordagens à classificação digital são determinadas pela forma como as classes de assinaturas são estabelecidas (1.ª etapa):

- V **A abordagem não supervisionada:** não existe conhecimento a priori; as classes são criadas automaticamente pelo software. As classes são então nomeadas e rotuladas a posteriori;
- V **A abordagem supervisionada:** são utilizados conhecimentos **a** priori para a criação de classes e amostras de entrada (áreas de treino = dados de teste). Os métodos de classificação baseados em pixels são difíceis de implementar porque a confusão radiométrica entre classes aumenta com a resolução do sensor e a heterogeneidade espacial do ambiente.

III.4.2. Métodos de classificação

A classificação tem por objetivo agrupar (dividir, segmentar) nn observações num determinado número de grupos ou classes homogéneas. Existem dois tipos principais de classificação:

- Classificação supervisionada, frequentemente designada apenas por classificação;
- Classificação não supervisionada, por vezes designada por partição, segmentação ou agrupamento.

-

III.4.2.1. Classificação supervisionada

A classificação supervisionada é então a determinação de um procedimento de classificação:

- Já sabemos quantos grupos existem na população;
- Sabemos a que grupo pertence cada observação na população;
- Pretendemos classificar as observações nos grupos corretos com base em diferentes variáveis. Uma regra de classificação pode então ser utilizada para prever os grupos a que pertencem as novas observações. As aplicações típicas incluem
- Determinar se uma transação bancária é fraudulenta ou não;
- Reconhecer números escritos à mão;
- Identificar o tipo de cancro de um doente.

Seja um conjunto de documentos, cada um representado por um indivíduo di e uma classe CK. É definido por meio de pares (di, CK) dados como exemplos ao sistema. O segundo faz corresponder qualquer indivíduo di à sua descrição di .

$$C^f : \vec{d_i} \rightarrow C_k$$

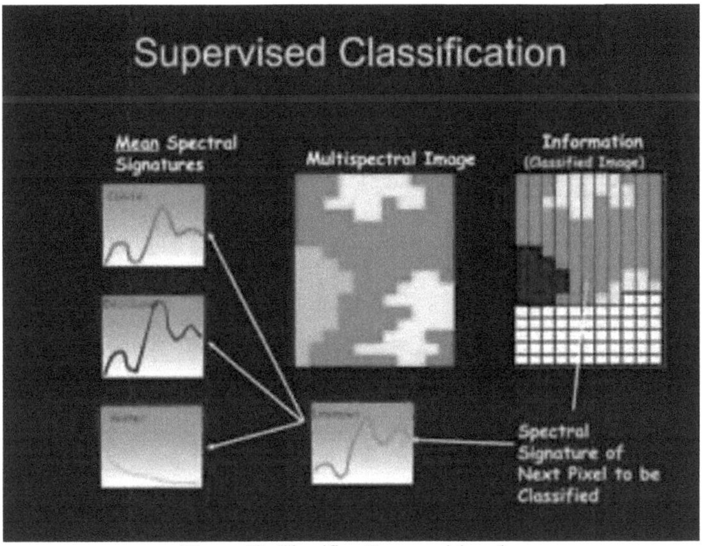

Figura 31. Classificação supervisionada.

III.4.2.2. Métodos não supervisionados (classificação não supervisionada / agrupamento)

A classificação não supervisionada destina-se a ser utilizada quando existem documentos não classificados e que não têm uma classificação. No final do processo de classificação não supervisionada, os documentos devem ser membros de uma das classes de classificação.

Existem dois tipos de classificação não supervisionada: hierárquica e não hierárquica:

Na Classificação Hierárquica (HC), os subconjuntos criados são aninhados hierarquicamente. É feita uma distinção entre a HC descendente (ou divisiva), que começa com o conjunto de todos os indivíduos e os divide num certo número de subconjuntos, cada subconjunto num certo número de subconjuntos, e assim por diante. E a CH ascendente (ou de aglomeração), que começa com indivíduos e os divide em subconjuntos que são combinados, etc. Para determinar quais as classes a fundir, utilizamos o critério de agregação.

Na classificação não hierárquica, os indivíduos não estão numa ordem hierárquica. Se cada indivíduo pertencer apenas a um subconjunto, chama-se a isto partição. Se cada indivíduo puder pertencer a mais do que um grupo, com uma probabilidade Pi de pertencer ao grupo i, fala-se de sobreposição.

A classificação não supervisionada é então a determinação de um procedimento de classificação:

- O número de grupos na população é frequentemente desconhecido;
- O grupo a que pertence cada observação na população não é conhecido;
- Pretendemos classificar as observações em grupos homogéneos com base em

diferentes

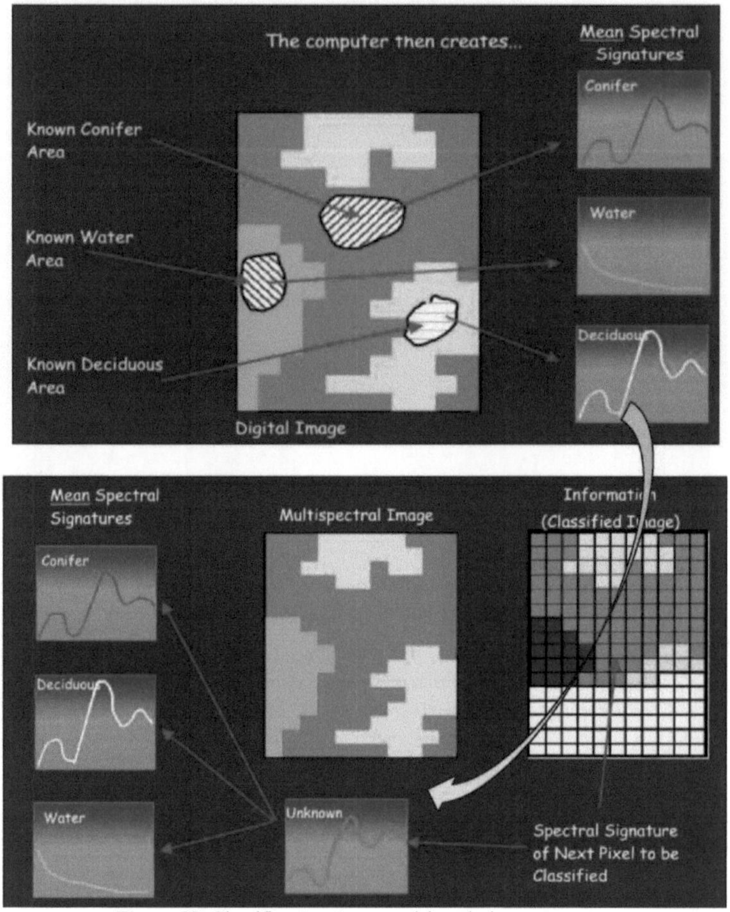

Figura 32. Classificação não supervisionada / agrupamento.

III.5. Índices de Vegetação Radiométricos (NDVI)

O NDVI (Normalised Difference Vegetation Index) é um índice normalizado utilizado para gerar uma imagem que representa a cobertura vegetal (biomassa relativa). Este índice baseia-se nas caraterísticas contrastantes de dois canais de um conjunto de dados raster multiespectral: absorção de clorofila no canal vermelho e reflectância da planta no canal infravermelho próximo (NIR). O índice NDVI é utilizado em todo o mundo para monitorizar a seca, controlar e prever a produção agrícola, ajudar na prevenção de incêndios e mapear a desertificação. Uma vez que o índice NDVI compensa as alterações na iluminação, inclinação, exposição e outros factores exógenos, é o índice preferido para a monitorização global da vegetação (Lillesand 2004).

Este índice produz valores entre -1,0 e 1,0, que representam principalmente o coberto vegetal, com valores negativos produzidos principalmente por nuvens, água e neve, e valores próximos de zero produzidos principalmente por rocha e solo nu. Os valores muito baixos de NDVI (0,1 e inferiores) correspondem a superfícies estéreis de rocha, areia ou neve. Os valores intermédios (0,2 a 0,3) representam zonas de arbustos e pastagens, enquanto os valores elevados (0,6 a 0,8) indicam florestas tropicais temperadas ou húmidas.

A equação NDVI padrão documentada é a seguinte: NDVI = ((IR - R)/(IR + R)

- IR = valores de píxeis do canal de infravermelhos
- R = valores de píxeis do canal vermelho

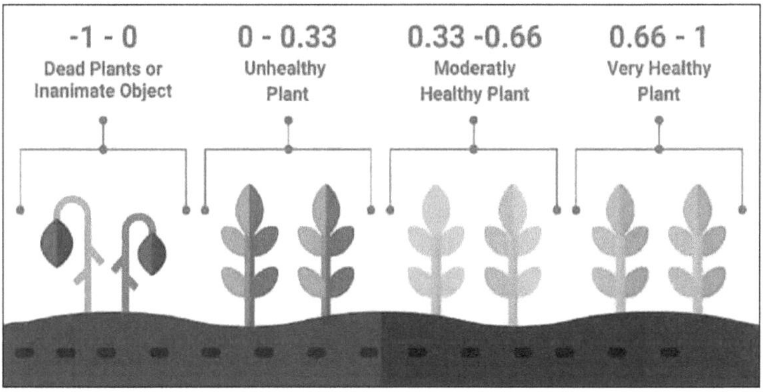

Figura 33. NDVI ou Índice de Vegetação por Diferença Normalizada.

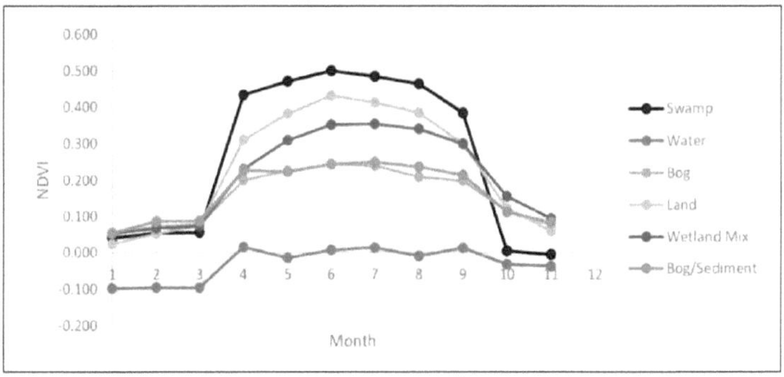

Figura 34. Valores médios da série temporal do Índice de Vegetação por Diferença Normalizada (NDVI).

Capítulo 4: Princípios da cartografia ecológica

IV. Princípios da cartografia ecológica

IV. 1. Definição

A cartografia ecológica é uma ferramenta essencial para visualizar e analisar a distribuição dos ecossistemas e habitats. É uma ferramenta essencial para a visualização e análise da distribuição espacial dos ecossistemas e habitats. Pode ser utilizada para a identificação de áreas de biodiversidade crítica e para a avaliação do impacto ambiental das actividades humanas. A cartografia ecológica permite aos investigadores e planeadores compreender e conservar melhor os recursos naturais.

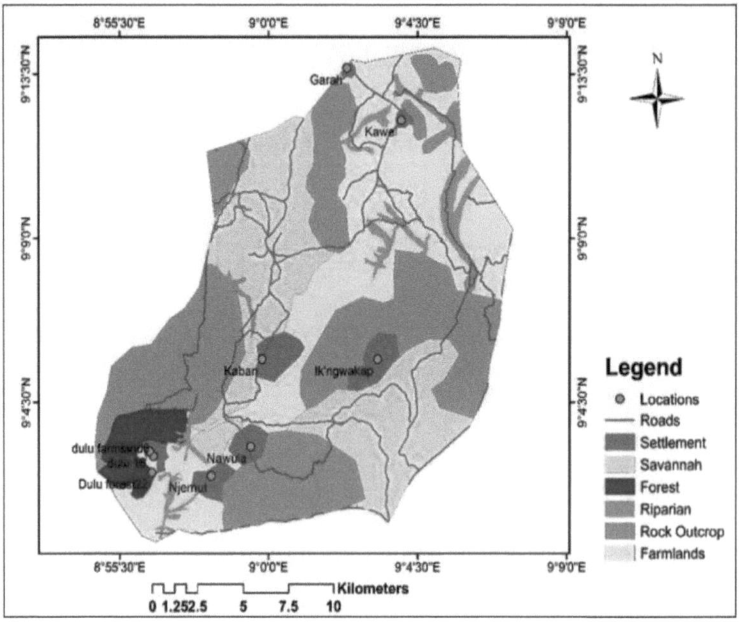

Figura 35. Mapa ecológico que mostra as comunidades em estudo e a floresta de Dulu (National Remote Sensing Unit, Jos). https://www.researchgate.net/publication/325118598_Perceptions_of_the_Mushere_People_on_the_Dulu-forest_Implications_for_Conservation/figures?lo=1

IV. 2. Princípios da cartografia ecológica

Os princípios básicos da cartografia ecológica são importantes para a produção de mapas exactos e úteis.

Eis alguns desses princípios:

- **Recolha de dados:** A recolha de informações exactas sobre as caraterísticas do ambiente é crucial. Estas incluem a topografia, o clima, a vegetação e os recursos hídricos.
- **Balança:** A escolha da escala correta é fundamental. A escala tem um impacto tanto na granularidade da informação apresentada como na funcionalidade do mapa para diferentes utilizações.
- **Simbologia:** A utilização de uma legenda clara ajuda a compreender os dados cartografados. Os símbolos devem ser coerentes e de fácil compreensão.
- **Exatidão geográfica:** Os mapas têm de ser geograficamente exactos para garantir a fiabilidade da informação que contêm.

IV. 3. Métodos de cartografia ecológica

A cartografia ecológica utiliza uma variedade de métodos para a representação e análise de dados sobre os ecossistemas. Estes métodos facilitam a interpretação das interações complexas entre as diferentes componentes ecológicas e humanas.

Através da utilização de técnicas específicas e de ferramentas de ponta, é possível produzir mapas ecológicos precisos que podem ser úteis para a investigação e a gestão dos recursos naturais. Vejamos as diferentes técnicas e ferramentas utilizadas.

IV. 4. Técnicas de cartografia ecológica

As técnicas de cartografia ecológica variam de acordo com os objectivos e a escala do estudo realizado. Eis algumas das técnicas mais utilizadas:

Imagens de satélite: Utilizadas para fornecer uma visão geral de grandes áreas naturais e para monitorizar as alterações ambientais.

Sistemas de Informação Geográfica (SIG): Utilizados para recolher, armazenar, analisar e visualizar dados geoespaciais.

Fotogrametria: Técnica para efetuar medições precisas a partir de fotografias, frequentemente utilizada para levantamentos topográficos.

Inquéritos de campo: Envolvem a recolha de dados no terreno para validar a informação obtida por outros meios e para compilar dados bióticos e abióticos.

Cada uma destas técnicas pode ser utilizada isoladamente ou em combinação para obter os melhores resultados.

IV. 5. Ferramentas utilizadas nos métodos de cartografia ecológica

A cartografia ecológica requer uma variedade de ferramentas, tanto de hardware como de software. Estas ferramentas desempenham um papel crucial na exatidão e eficácia dos resultados. Eis algumas das ferramentas mais utilizadas:

- **Software GIS:** ARCGIS, QGIS e GRASS GIS estão entre os mais populares, oferecendo uma vasta gama de funções de análise espacial.
- **GPS (Sistema de Posicionamento Global):** Essencial para a recolha de coordenadas exactas no terreno.
- **Drones:** Utilizados para captar imagens aéreas e vídeos de áreas de difícil acesso,

fornecendo dados valiosos para análise.

- **Sensores ambientais:** Utilizados para monitorizar variáveis como a temperatura, a humidade e a qualidade do ar em tempo real.

Estas ferramentas, combinadas com técnicas apropriadas, tornam a cartografia ecológica dinâmica e exacta: a tecnologia dos drones, por exemplo, oferece uma visão sem precedentes com uma precisão impressionante.

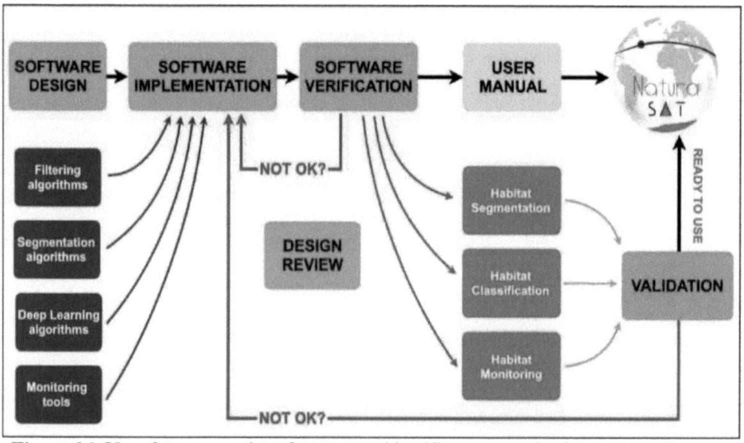

Figura 36. Uma ferramenta de software para identificação, monitorização e avaliação de habitats.
(https://www.mdpi.com/2072-4292/13/17/3381).

IV. 6. Cartografia ecológica - Pontos-chave

- **Definição de cartografia ecológica: Uma** ferramenta para visualizar e analisar a distribuição de habitats e interações ecológicas.
- **Métodos de cartografia ecológica:** Recolha de dados, escalas adequadas, simbologia e precisão geográfica.
- **Técnicas de cartografia ecológica:** Imagens de satélite, Sistemas de Informação Geográfica (SIG), Fotogrametria e levantamentos de campo.
- **Mapeamento do fluxo ecológico: Um** processo vital para compreender os movimentos naturais e as trocas entre ecossistemas.
- **Mapeamento de redes ecológicas:** Identifica e analisa a conetividade dos habitats para preservar a biodiversidade.
- **Exemplos de cartografia ecológica:** corredores de vida selvagem, redes fluviais, zonas húmidas interligadas.

IV. 7. Perguntas frequentes sobre cartografia ecológica

IV. 7.1. Que ferramentas utilizamos para a cartografia ecológica?

A cartografia ecológica é efectuada com recurso a SIG, tecnologia de deteção remota (imagens de satélite, drone), bases de dados ambientais e software especializado em análise espacial e modelação ecológica.

IV. 7.2. Quais são as principais etapas da cartografia ecológica?

A recolha e análise de dados ambientais, a identificação de áreas a cartografar, a utilização de SIG para processar e visualizar os dados e, finalmente, a validação e atualização regular dos mapas produzidos são as principais etapas da produção de mapas ecológicos.

IV. 7.3. Porque é que a cartografia ecológica é importante?

A cartografia ecológica é essencial para a identificação e proteção dos habitats naturais, para a avaliação do impacto ambiental dos projectos de desenvolvimento e para a gestão sustentável dos recursos. Também ajuda a planear a utilização dos solos de forma a minimizar a degradação ambiental e a conservar a biodiversidade.

IV. 7.4. Como é que a cartografia ecológica pode ajudar a conservar a biodiversidade?

A cartografia ecológica identifica áreas críticas para a conservação através da identificação e delimitação de habitats naturais. Ajuda a dar prioridade às acções de conservação, a monitorizar as alterações ambientais e a planear a utilização dos solos, minimizando os impactos sobre a biodiversidade.

IV. 7.5. Qual é a diferença entre a cartografia ecológica e uma carta topográfica?

A cartografia ecológica centra-se na representação de ecossistemas, habitats e biodiversidade, enquanto uma carta topográfica descreve a forma do terreno através de curvas de nível, indicando as elevações e as caraterísticas físicas da paisagem. O primeiro permite compreender o ambiente natural de um ponto de vista ecológico, enquanto o segundo fornece uma visão detalhada do terreno e das suas caraterísticas geográficas.

IV. 8. Abordagens para a cartografia dos fluxos ecológicos (problemas ecológicos)

A cartografia dos fluxos ecológicos exige a compreensão das interações complexas entre os elementos naturais. Eis algumas abordagens e ferramentas utilizadas neste domínio:

Mapas interactivos: Frequentemente utilizados com o SIG para sobrepor dados, permitem visualizar a dinâmica ecológica em tempo real.

Modelos numéricos: Utilizados para simular a forma como a energia e a matéria fluem através dos ecossistemas, incluindo modelos de circulação oceânica ou de migração de espécies.

Análises de rede: Estas análises descrevem a conetividade entre habitats e são essenciais para visualizar corredores ecológicos e rotas de migração.

Um aspeto essencial destas abordagens é o cálculo exato dos fluxos, muitas vezes representados por fórmulas complexas.

IV.8.1. Cartografia das redes ecológicas

As redes ecológicas desempenham um papel importante na proteção da biodiversidade e na conetividade dos habitats. A cartografia destas redes permite identificar e analisar as relações entre diferentes áreas naturais, facilitando a sua gestão e conservação.

Estes mapas podem revelar importantes corredores ecológicos que facilitam o movimento e a sobrevivência das espécies.

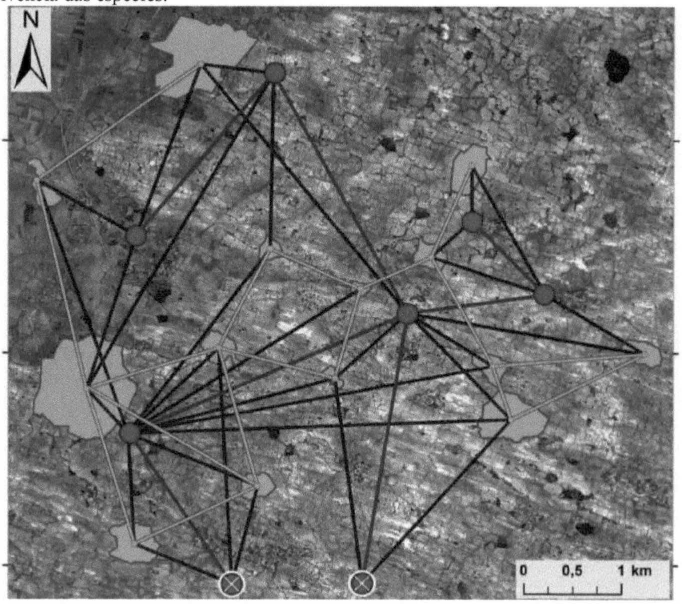

Figura 37. Rede ecológica de manchas florestais, clãs e suas diferentes inter-relações numa paisagem agrícola no sul de Madagáscar. De Bodin e Tengo (2012): https://doi.org/10.1016/_j.gloenvcha.2012.01.005).

IV.8.2. Mapeamento do ambiente problemático (mapeamento de riscos)

-O que é um mapa de risco?

Um mapa é uma representação visual que pode assumir várias formas: quadro, fluxograma, processo, mapa mental, etc.

Facilita a compreensão do assunto em discussão e a transferência de informação entre todas as partes interessadas. Um risco num ecossistema é um acontecimento mais ou menos provável que pode causar danos e afetar o bom funcionamento do projeto. A cartografia dos riscos é, portanto, uma ferramenta de gestão que permite representar todos os riscos inerentes ao ecossistema e definir o seu impacto.

-Interesse na conceção de um mapa de riscos

O mapeamento dos riscos garante a sustentabilidade do projeto. Esta representação permite ao gestor de projeto resumir todos os riscos associados ao projeto e procurar soluções para os controlar.

Esta cartografia permitirá :

-definir os pontos fortes e fracos do funcionamento de um ecossistema

-Identificar oportunidades e ameaças com o objetivo de:

-prevenir o aparecimento de factores de risco

-limitar o impacto

-As principais etapas da criação de um mapa de riscos

A criação de um mapa de risco é um passo fundamental para qualquer organização que esteja a reforçar a gestão do risco. Os principais passos na criação de um mapa de risco incluem :

- ✓ Identificação de riscos potenciais: Analisar os processos internos e externos da organização.
- ✓ Avaliação dos riscos: Examinar os riscos com base no seu potencial impacto e probabilidade de ocorrência.
- ✓ Priorização dos riscos: Estabelecer prioridades para determinar quais os riscos que requerem atenção prioritária.
- ✓ Desenvolver planos de ação: Implementar controlos e estratégias para gerir e atenuar os riscos identificados.
- ✓ Monitorização e revisão periódica: Assegurar que a cartografia dos riscos continua a ser relevante para as mudanças no ambiente interno e externo da organização.
- ✓ Esta abordagem sistemática e proactiva garante uma gestão eficaz dos riscos e melhora a resiliência da organização.

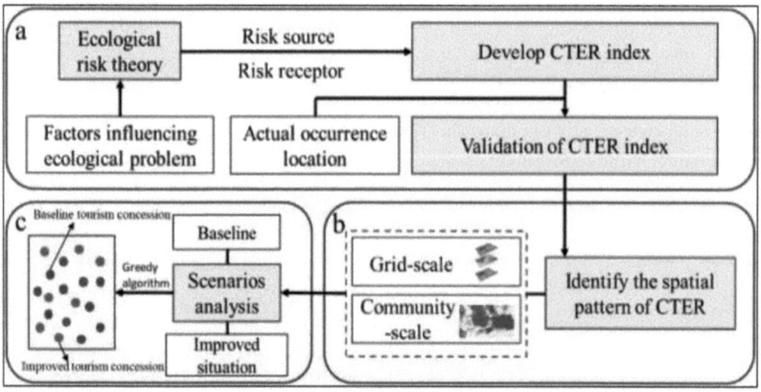

Figura 38. Medição e redução do risco ecológico para a conservação dos ecossistemas. (https://www.sciencedirect.com/science/article/pii/S1470160X24009506).

IV.8.3. As principais etapas da criação de um mapa de riscos

A criação de um mapa de riscos é um passo crucial para qualquer organização que esteja a reforçar a sua gestão de riscos. Os principais passos na construção de um mapa de risco incluem :

- ✓ Identificar os riscos potenciais: Analisar os processos internos e externos da organização.
- ✓ Avaliação dos riscos: Examinar os riscos com base no seu potencial impacto e probabilidade de ocorrência.
- ✓ Priorização dos riscos: Estabelecer prioridades para determinar quais os riscos que requerem atenção prioritária.
- ✓ Desenvolver planos de ação: Implementar controlos e estratégias para gerir e atenuar os riscos identificados.
- ✓ Monitorização e revisão periódica: Assegurar que a cartografia dos riscos continua a ser relevante para as mudanças no ambiente interno e externo da organização.

Esta abordagem sistemática e proactiva garante uma gestão eficaz dos riscos e melhora a resiliência da organização.

IV.8.4. Sistemas de informação geográfica para a gestão de bacias hidrográficas

A gestão de bacias hidrográficas é um domínio crítico em que a tecnologia SIG se destaca pela integração de dados hidrológicos com a utilização do solo, a topografia, a vegetação e os tipos de solo, para facilitar a análise exaustiva das bacias hidrográficas. Esta integração permite identificar fontes de poluição, avaliar a qualidade da água e planear a gestão sustentável dos recursos hídricos.

Um estudo de caso sobre a gestão de bacias hidrográficas demonstra a utilização do SIG para sintetizar informações espaciais complexas para enfrentar os desafios relacionados com a água. Por exemplo, na gestão de bacias hidrográficas, o SIG pode ser utilizado para modelar padrões de escoamento, prever áreas de inundação e avaliar o impacto das alterações da utilização dos solos na qualidade da água. Isto fornece uma base sólida para o planeamento de intervenções como a reflorestação para melhorar a qualidade da água e reduzir a erosão.

IV.8.5. SIG e modelação para a cartografia das zonas em risco de seca e desertificação

Este estudo monitorizou a desertificação e analisou as caraterísticas espaciais e temporais da desertificação e as suas forças motrizes utilizando dados de imagens Landsat pré-processados.

O organograma é um fluxograma da nossa investigação, que pode ser dividido em quatro partes: (1) pré-processamento de dados e extração de indicadores de desertificação; (2) mapeamento da desertificação; (3) análise das mudanças temporais e espaciais; e (4) análise da força motriz.

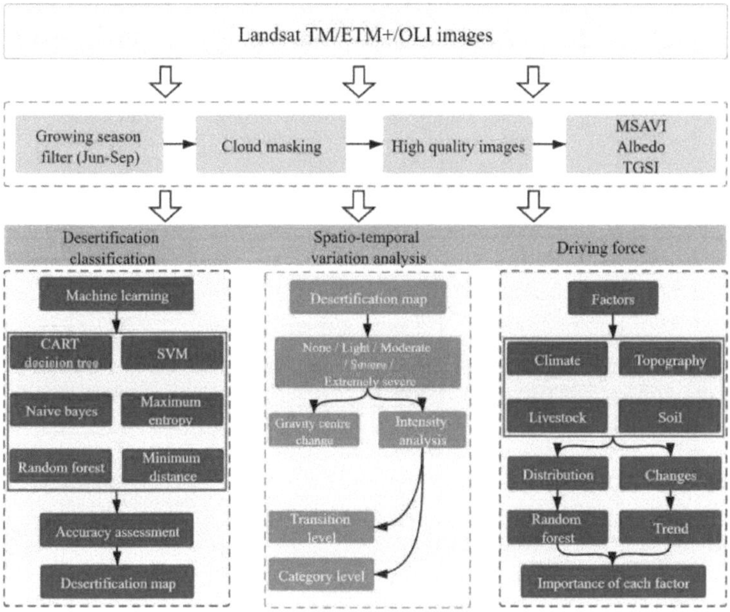

Figura 39. SIG e modelação para a cartografia de zonas em risco de seca e desertificação.

IV.8.6. SIG e modelação para os riscos de inundação

A metodologia utilizada neste estudo envolve várias etapas. Com base na imagem de satélite Landsat, serão produzidos vários mapas temáticos utilizando o Modelo Digital do Terreno (DTM).

A utilização de fórmulas empíricas e de diversas aplicações, integradas num software de Sistema de Informação Geográfica (SIG), permitirá compreender melhor o problema e propor acções de desenvolvimento de forma a procurar o equilíbrio, gerir o impacto dos riscos e reduzir a vulnerabilidade da cidade de Meknès para a tornar resiliente e sustentável.

A metodologia consiste, em primeiro lugar, em integrar num SIG as informações geográficas pertinentes, tais como a carta da cidade, a carta topográfica, as fotografias aéreas, o modelo digital do terreno, as imagens de satélite, etc.

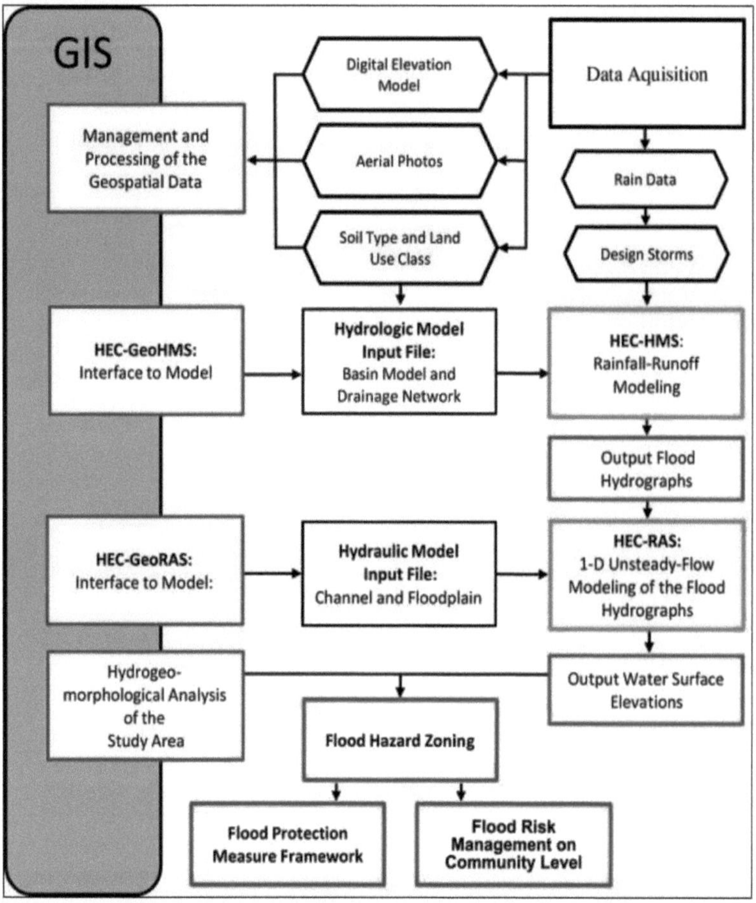

Figura 40. SIG e modelação para os riscos de inundação.

IV.8.7. Deteção remota, SIG e modelação da erosão hídrica

O objetivo é estimar o risco de erosão do solo com base nos dados recolhidos durante a análise de dados de teledeteção e de dados pedológicos, e com base em elementos socioeconómicos. Para atingir este objetivo, o trabalho foi realizado a diferentes níveis.

A integração de mapas temáticos no SIG tornou possível identificar o impacto de cada fator na estimativa da erosão do solo e classificar as áreas de acordo com a sua importância relativa para a erosão. A abordagem baseia-se numa função multiplicativa dos quatro factores que controlam a erosão hídrica: tipo de solo, declive, uso do solo e práticas de controlo da erosão. A aplicação deste método exigiu a avaliação dos diferentes factores utilizados em toda a área de estudo e a sua expressão sob a forma de mapas temáticos.

A integração destes mapas num Sistema de Informação Geográfica é feita por digitalização. As diferentes zonas obtidas para cada mapa são ligadas às suas bases de dados.

dados. A sobreposição dos mapas com o software "Mapinfo" permitiu desenvolver a seguinte análise de risco de erosão cartográfica.

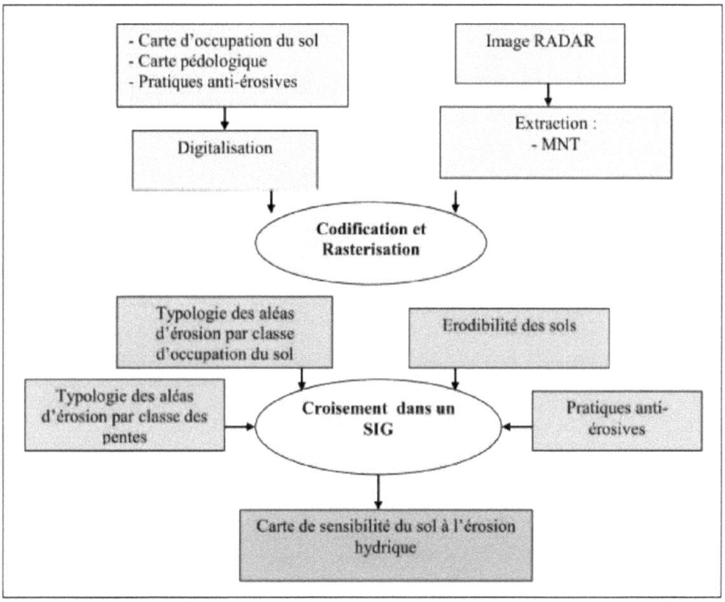

Figura 41. Deteção remota, SIG e modelação da erosão hídrica (Aouadj, 2009).

IV.8.8. Avaliação do impacto das alterações climáticas no risco de seca

A seca é um perigo natural que tem o potencial de causar danos sociais, económicos e ambientais significativos. A cartografia dos riscos de seca pode ajudar os decisores a identificar as regiões mais vulneráveis à seca e a tomar medidas proactivas para atenuar os seus efeitos.

O Processo de Hierarquia Analítica (AHP) é uma técnica de tomada de decisão multicritério (MCDM) amplamente utilizada. Pode ajudar a determinar a importância relativa de diferentes factores que contribuem para o risco de seca. A identificação dos critérios que são relevantes para o risco de seca é o primeiro passo numa metodologia de cartografia do risco de seca baseada no AHP. Isto pode incluir factores como o clima, a humidade do solo, a utilização da terra e as condições socioeconómicas. Cada critério é então dividido num número de subcritérios que podem ser ponderados de acordo com a sua importância relativa. O passo seguinte consiste em os decisores identificarem as alternativas que pretendem avaliar. No contexto da cartografia do risco de seca, estas podem incluir diferentes regiões geográficas ou áreas de utilização do solo. Cada alternativa é então avaliada em função dos critérios e subcritérios. Para o efeito, é utilizado um processo de comparação entre pares. Durante o processo de comparação de pares, pede-se aos decisores que comparem cada par de subcritérios e descubram qual deles é mais importante.

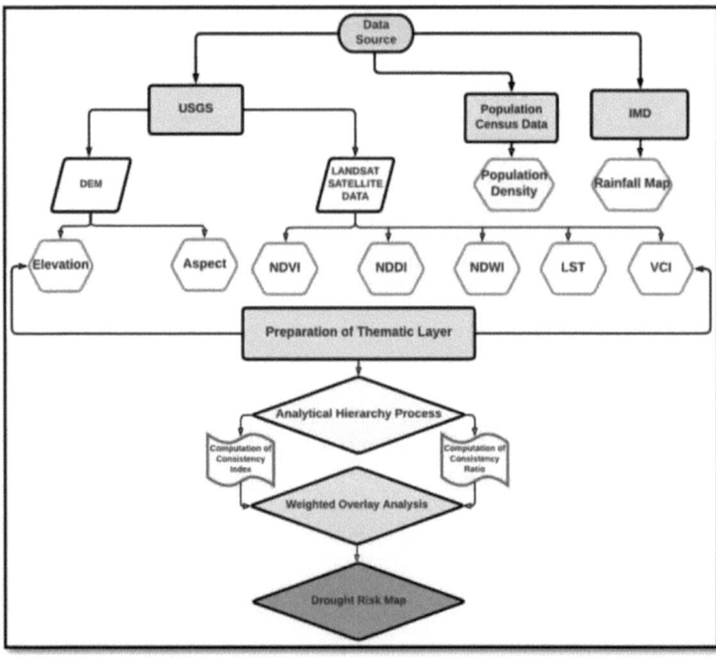

Figura 42. Mostra o fluxograma da metodologia.

IV.8.9. Avaliação e cartografia do risco de incêndio florestal com base em SIG

O modelo é composto por três partes: identificação dos perigos, análise da vulnerabilidade e análise da capacidade de resposta. A primeira parte centra-se em vários factores que influenciam os incêndios florestais. Estes incluem a utilização do solo, a topografia e a meteorologia do local onde se situa a floresta. A segunda parte consiste na densidade populacional e no valor dos recursos florestais. A terceira parte é a capacidade de combate aos incêndios florestais. Esta inclui a brigada de incêndio florestal, a torre de vigia e a fonte de água do helicóptero.

Através do método de análise espacial SIG, o risco de incêndio florestal é derivado de alto a baixo, de acordo com a sua sensibilidade ao fogo ou capacidade de início de incêndio. Com a ajuda do analista espacial, uma série de factores de influência individuais nos mapas de risco são combinados no mapa geral de risco de incêndio. A ponderação de cada fator é determinada pela Análise da Relatividade Cinzenta (GRA). Este modelo é ilustrado com um estudo de caso sobre o risco de incêndio numa zona da China. Sugere-se que a cartografia de risco é útil para a gestão dos incêndios florestais, a fim de minimizar o perigo de incêndio florestal.

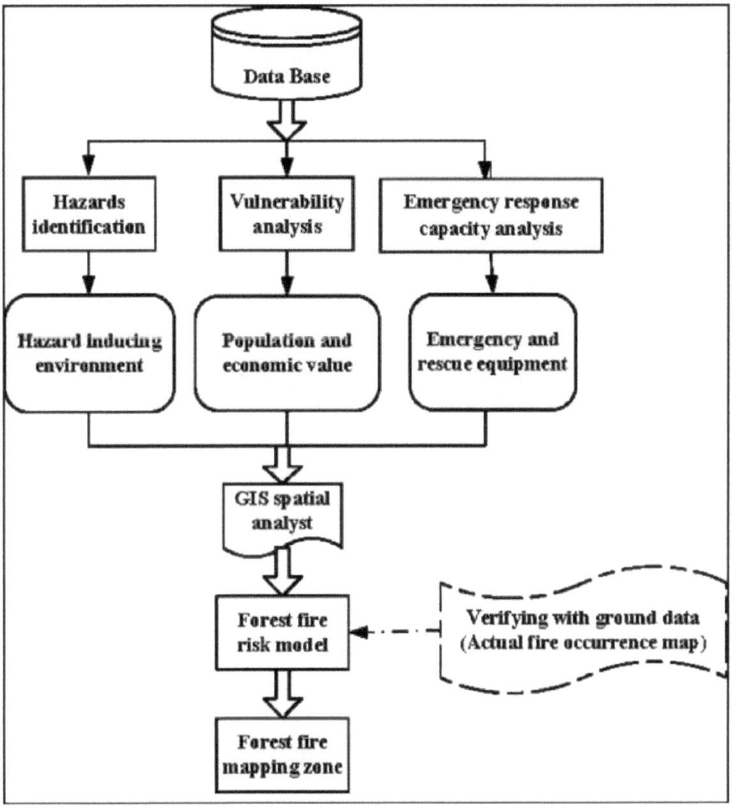

Figura 43. Avaliação e cartografia do risco de incêndio florestal com base em SIG.

IV.8.10. O impacto do SIG no avanço dos esforços de conservação ecológica em todo o mundo

A aplicação dos SIG à conservação ecológica está a revolucionar a forma como as estratégias de conservação são planeadas e implementadas em todo o mundo. Os principais impactos são :

-Gestão de áreas protegidas: O SIG apoia a conceção e a gestão de áreas protegidas através da cartografia de pontos críticos de biodiversidade e de habitats de espécies ameaçadas.

-Corredores de vida selvagem: O SIG ajuda a identificar e a estabelecer corredores de vida selvagem que facilitam a migração segura dos animais, o que é essencial para a diversidade genética e a sobrevivência das espécies.

-Avaliação do impacto ambiental: As ferramentas GIS ajudam a avaliar o potencial impacto ambiental dos projectos de desenvolvimento, orientando assim as práticas de desenvolvimento sustentável.

Esta tecnologia não só melhora a eficiência dos projectos de conservação, como também contribui para os esforços globais de conservação da biodiversidade e de promoção da resiliência dos ecossistemas.

Exemplo:

Os esforços de conservação na floresta amazónica são um exemplo notável de SIG em ação. Utilizando o SIG, os conservacionistas podem monitorizar as actividades de desflorestação, mapear áreas de elevado valor de conservação e planear intervenções para proteger ecossistemas vulneráveis. Esta abordagem resultou em planos de utilização sustentável da terra que equilibram as necessidades de desenvolvimento com as prioridades de conservação.

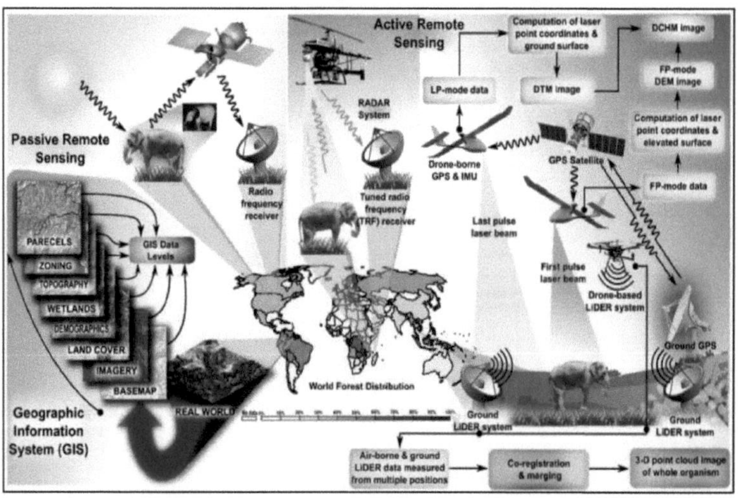

Figura 44. Aplicação de Sistemas de Informação Geográfica (SIG) e de tecnologias de deteção remota, como a deteção por rádio e o alcance (RADAR) e a deteção por satélite e o alcance da luz (LiDAR), para a monitorização da vida selvagem no ecossistema florestal.

Bibliografia consultada/utilizada

1-Referências

- Aouadj, S (2009), Apport de la télédétection et SIG pour la cartographie des risques d'érosion hydrique du sol dans la région de Saida- (Western Algeria). Faculdade de Engenharia, Universidade de Saida, Tlemcen, Argélia.
- Aouadj, S (2021), Impacto das técnicas de restauração ecológica na dinâmica dos ecossistemas degradados nas montanhas de Saida: Caso das florestas de Doui Thabet - (Argélia Ocidental). Teses de doutoramento, Universidade Aboubakr Belkaïd, Tlemcen, Argélia.
- Aouadj, S. A, Nasrallah, Y, Hasnaoui, O & Khatir, H, (2020), Impacto das técnicas de restauração ecológica na dinâmica dos ecossistemas degradados dos montes de Saida: Caso das florestas de Doui Thabet (Argélia Ocidental). Ata scientifica naturalis, 7 (2): 68-77.
- Aouadj, S. A, Nasrallah, Y, Hasnaoui, O & Khatir, H, (2020), Impactos da pressão antropogénica na degradação da floresta de Doui Thabet (Saida, Argélia Ocidental) no contexto da restauração. Ata scientifica naturalis, 7 (2): 68-78.
- Aouadj, S. A, Nasrallah, Y, Hasnaoui, O & Khatir, H, (2020), Nota sobre as orquídeas dos montes de Saida (Saida Argélia Ocidental) no contexto da restauração. Eco. Env. & Cons, 26 (2): 37-45.
- Aouadj, S. A, Nasrallah, Y, Hasnaoui, O & Khatir, H, (2020), Abordagem etnobotânica e inventário florístico de plantas medicinais na região de Doui Thabet (Saida-Oeste da Argélia). PhytoChem & BioSub Journal, 14 (1): 92-104.
- Aouadj, S. A, Nasrallah, Y, Hasnaoui, O & Khatir, H, (2020), Análise fitogeográfica regional da flora dos montes de Saida (Argélia): relatório de avaliação-restauração. Revista Biodiversidade, 11 (1): 25-34.
- Aouadj, S. A, Nasrallah, Y, Hasnaoui, O & Khatir, H, (2020), Caracterização ecológica e avaliação do potencial florístico da floresta de Doui Thabet (Saida Western Algeria) no contexto da restauração. Eco. Env. & Cons, 26 (1): 266-278.
- Aouadj, S. A, Nasrallah, Y, Hasnaoui, O & Khatir, H, (2020), Contribuição da G.I.S e da Deteção Remota para a Cartografia de Risco da Erosão Hídrica do Solo na Província de Saida (Oeste da Argélia). Investigação avançada em ciências da vida, 7 (1): 10 - 21.
- Aouadj, S. A, Nasrallah, Y, Hasnaoui, O & Khatir, H, (2020), A flora rara, endémica e ameaçada das montanhas de Saida (Argélia). Agrobiologia, 10(1), 86 - 98.

- Aouadj, S. A, Nasrallah, Y, Hasnaoui, O & Khatir, H, (2022), Estudo preliminar dos tratamentos pré-germinativos de *Juniperus oxycedrus* L. e *Pistacia Ientiscus* L. Res. Conserv, (67): 13-20, 2022.
- Aouadj, S. A, Nasrallah, Y, Hasnaoui, O & Khatir, H, (2023), Diagnóstico florístico e ecológico dos Montes de Saida no contexto da restauração ecológica: Avaliação de seis anos de pesquisa de campo (2017-2022). Revista Conceitos em Biologia Estrutural e Bioinformática (JSBB), 7 (1) : 1-42.
- Aouadj, S. A, Nasrallah, Y, Hasnaoui, O & Khatir, H, (2023), Novos dados sobre a flora de orquídeas (Orchidaceae) na região de Tell de Saida (oeste da Argélia): Avaliação de seis anos de pesquisa de campo (2017-2022). Pesquisa Avançada em Ciências da Vida, 8 (1): 10 - 21.
- Aouadj, S. A; Nasrallah, Y; Hasnaoui, O & Khatir, H. (2020). Impacto das técnicas de restauração ecológica na dinâmica dos ecossistemas degradados dos montes de Saida: Caso das florestas de Doui Thabet (Argélia Ocidental). **Ata scientifica naturalis,** 7 (2): 68-77.
- Aouadj, S. A; Nasrallah, Y; Hasnaoui, O & Khatir, H. (2020). Impactos da pressão antropogénica na degradação da floresta de Doui Thabet (Saida, Argélia Ocidental) no contexto da restauração. **Ata scientifica naturalis,** 7 (2): 68-78.
- Aouadj, S. A; Nasrallah, Y; Hasnaoui, O & Khatir, H. (2020). Nota sobre as orquídeas de montes de Saida (Saida Western Algeria) no contexto da restauração. **Eco. Env. & Cons,** 26 (2): 37-45.
- Aouadj, S. A; Nasrallah, Y; Hasnaoui, O & Khatir, H. (2022). Estudo preliminar dos tratamentos pré-germinativos de *Juniperus oxycedrus* L. e *Pistacia Ientiscus* L. **Res. Conserv**, (67): 13-20, 2022.
- Aouadj, S. A; Nasrallah, Y; Hasnaoui, O & Khatir, H. (2023). Diagnóstico florístico e ecológico dos Montes de Saida no contexto da restauração ecológica: Avaliação de seis anos de pesquisa de campo (2017-2022). **Revista Conceitos em Biologia Estrutural e Bioinformática (JSBB),** 7 (1): 1-42.
- Aouadj, S. A; Nasrallah, Y; Hasnaoui, O & Khatir, H. (2020). Abordagem etnobotânica e inventário florístico de plantas medicinais na região de Doui Thabet (Saida-Oeste da Argélia). **PhytoChem & BioSub Journal,** 14 (1): 92-104.
- Aouadj, S. A; Nasrallah, Y; Hasnaoui, O & Khatir, H. (2020). Análise fitogeográfica regional da flora dos Montes de Saida (Argélia): relatório de avaliação-restauração. **Revista Biodiversidade,** 11 (1): 25-34.
- Aouadj, S. A; Nasrallah, Y; Hasnaoui, O & Khatir, H. (2020). Caracterização ecológica

e avaliação do potencial florístico da floresta de Doui Thabet (Saida Western Algeria) no contexto da restauração. **Eco. Env. & Cons,** 26 (1): 266-278.

- Aouadj, S. Impacto das técnicas de restauração ecológica na dinâmica dos ecossistemas degradados nas montanhas de Saida: Caso das florestas de Doui Thabet - (Argélia Ocidental). Teses de doutoramento, Universidade Aboubakr Belkaïd, Tlemcen, Argélia.
- Aouadj, S.A; Degdag, H; Hasnaoui, O; Nasrallah, Y; Zouidi, M; Allame, A; Nouar, B. & Khatir, H. (2023). Contribuição de G.I.S e Sensoriamento Remoto para o Mapeamento de Risco de Erosão da Água do Solo na Província de Saida (Oeste da Argélia). **Investigação avançada em ciências da vida,** 7 (1) : 10 - 21.
- Aouadj, S.A; Degdag, H; Hasnaoui, O; Nasrallah, Y; Zouidi, M; Allame, A; Nouar, B. & Khatir, H. (2023). Novos dados sobre a flora de orquídeas (Orchidaceae) na região de Tell de Saida (oeste da Argélia): Avaliação de seis anos de pesquisa de campo (2017-2022). **Pesquisa Avançada em Ciências da Vida,** 8 (1): 10 - 21.
- Aouadj, S; Nasrallah, Y; Hasnaoui, O & Khatir, H. (2020). A flora rara, endémica e ameaçada das montanhas de Saida (Argélia). **Agrobiologia,** 10(1), 86 - 98.
- Arslan, D & Ozcan, M. (2011). Desidratação do pimentão vermelho *(Capsicum annuum* L.): Mudança no comportamento de secagem, cor e conteúdo antioxidante.2011, **Food and bioproducts processing,** 89(4), 504-513.
- Asadi Zarch M A, Sivakumar B, Sharma A, 2015, Droughts in a warming climate: A global assessment of Standardized precipitation index (SPI) and Reconnaissance drought index (RDI), Journal of Hydrology. Volume 526, Páginas 183-195. e conservação (2ª ed.)" Nova Iorque: Cambridge University Press. ISBN 978-0521519403.
- Belhadj, A., 1998, "Contribution au logiciel danalyse et de traitement d'images satellitaires (L.A.T.I.S). Analyse spatiale-spectrale d'images satellitaires appliquées à la cartographie thématique", Tese de Doutoramento, especialidade Tratamento de Imagens e Teledeteção,
- Benmessaoud H 2009 : Etude de la vulnérabilité à la désertification par des méthodes quantitatives numériques dans le massif des Aurès (Algérie). Tese de Doutoramento, Universidade de Batna, 220p+ anexo.
- Bensaid A 2006 : SIG e télédétection para o estudo da sustentabilidade numa zona árida : o caso da wilaya de Naàma (Algérie. Tese de doutoramento em geografia, Universidade Es Senia Oran Algérie, 325p.
- Biday S G, Bhosle U (2010), Radiometric Corretion of Multitemporal Satellite Imagery 1, Academia Mundial de Ciências, Engenharia e Tecnologia, 241-245
- Bied-Charreton M, 2009, Sécheresse, désertification et développement en Afrique,

Cours de master2 - 2007- UVSQ et CERDI.

- Bokushevaa R., Koganb F, Vitkovskayac ., I., S. Conradta, M. Batyrbayeva, Índices de saúde da vegetação baseados em satélite como critério para garantir perdas de rendimento relacionadas com a seca, Agricultural and Forest Meteorology 220 (2016) 200-206
- Bonne F. (1996) : Précis de télédétection, Volume 2 - Applications thématiques. Presses de l'Université du Québec/AUPELF, Sainte-Foy, 642 p.
- Bouhata R. (2015), utilização do landsat tm para mapeamento do uso do solo na área endorreica - caso da planície de gadaine (Argélia oriental). Analele Universitãtii din Oradea, Seria Geografie, Editura Universitatii din Oradea, Oradea, n.º 2/2014 (dezembro), pp. 101-107.
- Chen Z., Yang, G., 2012. Análise dos riscos de seca no Norte da China: distribuição e interpretação. Nat. Hazards 65 (1), 279-294.
- Choudhary V et Jain P.c (2012), Screening of alkaline protease production by fungal isolates from different habitats of Sagar and Jabalpur district (M.P), J. Acad. Indus. Res. Vol. 1(4) setembro de 2012, 215-220
- Chuvieco E., MartFN M. P. Palacios A., Assessment of diVerent spectral indices in the red- near-infrared spectral domain for burned land discrimination, int. j. remote sensing, 2002, vol. 23, no. 23, 5103-5110
- hipóteses actuais? Glob. Change Biol. 8, 999-1017.
- Dwivedi R, et al., 2008.Generation of Farm-Level Informa-tion on Salt-Affected Soils Using IKONOS-II Multispec-tral Data," In: G. Metternicht and J. Zinck, Eds., Remote Sensing of Soil Salinization: Impact on Land Management, CRC Press, Boca Raton. Dwivedi R. S. 2001Soil Resources Mapping: A Remote Sensing Perspective," Remote Sensing Reviews, Vol. 20, No. 2, 2001, pp. 89-122.
- Escadafal R, Huete A, (1992), Soil optical properties and environmental applications Of remote sensing, International society of Photometry 709-715.
- Gitelsonac A, Yoram A, .Kaufman J, Stark R, Rundquista D (2002), Novel algorithms for remote estimation of vegetation fraction, Remote Sensing of Environment, Volume 80, Issue 1, April 2002, Pages 76-87
- Goward, S. N., Markham, B., Dye, D. G., Dulaney, W., & Yang, J. (1991). Normalized difference vegetation index measurements from the Advanced Very High Resolution Radiometer. Remote Sensing of Environment, 35, 257- 277.
- Guesdon, G (2001), Methods and tools for multi-criteria decision support comparison Saaty, Faculdade de Ciências e Engenharia, Universidade Laval, 2011.

- Guyenne, TD(ed); Calabresi, G(ed) - European coordnated effort for monitoring the earth's environment : apilot project compaing on Landsat Thematic Mapper application (1985-87), PP301-307.
- Khan N, Rastoscuev V V, Shalina E V, Yohei S, (2001), Mapping salt affected soils using remote sensing indicators a simple approach zith the use of GIS IDRISI, 22 nd Asian conference on remote sensing, 5- 9 Novembre 2011, Singapore.
- Khoumri E (2007), Représentation des données spatiales à différents niveaux d'abstraction : application à l'archéoastronomie, Tese de doutoramento, Université de Corse-Pasquale Paoili , 150 páginas +anexos.
- Paegelow M (2004), Géomatique et géographie de l'environnement de l'analyse spatiale à la modélisation prospective. Habilitação à Direção de Investigação. Université de Toulouse, Le Mirail, 2 tome, de 211 et de 20p.
- Pedrotti F (2013), Plant and vegetation mapping, DOI, 10.1007/978-3-642-30235-0, Publisher Springer-Verlag Berlin Heidelberg, 294 p
- Peressotti, A., Pecchiari, M., Tirone, G., Valentini, R., 2002. Efeitos de secas severas nos fluxos de CO2 e H2O do ecossistema em três locais mediterrânicos de folha persistente: revisão de
- Perkins T, Cappelaere P, Adler-Golden S, Mandl D, (2012), Correção atmosférica de alta velocidade para processamento de imagens espectrais, Proceedings of SPIE - The International Society for Optical Engineering 8390:83900V-83900V-7 · maio 2012 com 36.
- Universidade de Ciências e Tecnologias Houari Boumediene-USTHB, Alger, Algérie

2-Webografia

- (www.surveyinggroup.com)
- (https://www.nasa.gov/diretorates/somd/space-communications-navigation-program/remote sensing/).
- (https://www.canon.com.au/get-inspired/aerial-photography-videography-tips).
- (https://pangeography.com/types-of-aerial-photography/).
- (https://lakhimi.blogspot.com/2020/05/photogrammetry-and-types-of.html).
- (https://crisp.nus.edu.sg/~research/tutorial/optical.htm).
- (http://hyperphysics.phy-astr.gsu.edu/hbase/mod3.html).
- https://www.researchgate.net/publication/374368237_Anthropic_Constraint_Dynamics_in_ European_Western_Mediterranean_Floodplains_Related_to_Floods_Events/figures?lo

=1).

- (https://www.cropin.com/blogs/vegetation-index-for-precision-agriculture).
- https://www.researchgate.net/publication/325118598_Percepções_do_povo_Mushere sobre_a_floresta_de_Dulu_Implicações_para_a_conservação/figures?lo=1
- (https://www.mdpi.com/2072-4292/13/17/3381).
- https://doi.org/10.1016Zj.gloenvcha.2012.01.005).
- (https://www.sciencedirect.com/science/article/pii/S1470160X24009506).

MIX
Papier aus verantwortungsvollen Quellen
Paper from responsible sources
FSC® C105338

Printed by Books on Demand GmbH, Norderstedt / Germany